什么值得

吃，

成为厨房高手
和你一起轻松

什么值得

马达 什么值得吃 著

做

U0258503

中信出版集团·北京

图书在版编目（CIP）数据

什么值得吃，什么值得做 / 马达，什么值得吃著
. -- 北京：中信出版社，2019.1
　　ISBN 978-7-5086-9771-0

Ⅰ.①什… Ⅱ.①马… ②什… Ⅲ.①菜谱 Ⅳ.
①TS972.12

中国版本图书馆 CIP 数据核字 (2018) 第 270824 号

什么值得吃，什么值得做

著　　者：马达　什么值得吃
出版发行：中信出版集团股份有限公司
　　　　　（北京市朝阳区惠新东街甲 4 号富盛大厦 2 座　邮编 100029）
承 印 者：利丰雅高长城印刷有限公司
开　　本：880mm×1230mm　1/32
印　　张：10.25　　　　　　　　　　字　　数：256 千字
版　　次：2019 年 1 月第 1 版　　　印　　次：2019 年 1 月第 1 次印刷
书　　号：ISBN 978-7-5086-9771-0　　广告经营许可证：京朝工商广字第 8087 号
定　　价：68.00 元

编 辑 的 话

我们是谁

马达（原名龙泉），知名博主，美食撰稿人，"什么值得吃"创始人。在德国留学期间，马达开始在豆瓣、博客大巴等平台撰写美食垂直领域的高质量文章。其美食文章超过 10 次被豆瓣首页置顶推荐，微博粉丝数量超过 70 万。马达曾多次参加"天猫""新世相"等广告项目拍摄，在蔡康永主持的《男子甜点俱乐部》中担任评审嘉宾，被米其林官方邀请见证城市美味。

这本书的创意与执行，都离不开马达的推动。

"什么值得吃"是马达创立于 2014 年夏天的美食公众号，以测评北京餐厅起家，现已发展成为一家内容和形式多元化、载体多样化的头部美食媒体，全网粉丝数量超过 200 万，是国内美食领域 TOP 3 的自媒体（清博、新榜排名）。

另外，我们的专业团队：蓝带毕业、料理和甜点兼修的主编肇天池，清华大学毕业、辗转各地研究食材与厨艺的资深编辑 maoz，蓝带料理班出身的美食编辑原媛，专业摄影师王欢也为这本书的出版做出了不少贡献。我们的特约料理人 lulututu、弥张、freeze 静，用丰富的烹饪经验，为这本书中的部分食谱提供了宝贵的独家做法。同时也要感谢插画师阿睿、AoWu_ 嗷呜、Ricky，他们的插画让这本书更加饱满。感谢云阶提供的部分图片。

● 这是一本特别的食谱书

与其说这是一本食谱书，不如说是工具书。我们的初衷并非简单丢给你一些食谱让你自己揣摩，而是通过它的逻辑性、实用性、系统性，让你从新手小白一跃成为有自信和能力在厨房"指点江山"的人。

国内市场不乏食谱书，以量取胜的也有，用热门话题做切入点的也很多，但大家似乎都忽略了使用这些书之前的一个必要条件：有一定烹饪基础。所以，虽然市面上的食谱书籍很多，但缺少结合"应有尽有的食谱实践"与"事无巨细的下厨小事"、类似教科书的这么一本书。

在这本书里，你能看到入门级的家常菜，也能习得进阶的西式"大餐"。

比如，番茄炒蛋听起来简单，但做起来因人而异，往往是细节决定成败；海鲜饭看起来烦琐，但只要掌握烹饪流程，就能做得很好吃。万变不离其宗，每道菜都有它的"美味秘诀"。本书将教你透过现象看本质，解锁每道菜的美味密码。

"食谱"和"知识"是本书的两大主题，二者各自延伸又互为指引。"食谱"部分以 30 道主要食谱为起点，每道食谱除了烹饪指南，还有对相关食材与知识的解惑，更有剥离主要食谱而附加的衍生食谱（如从麻婆豆腐衍生到各种豆腐料理），供你发散思维、累积实战。"知识"部分有零有整，"整块"的是第一章的术语篇、厨具篇、刀法篇、调料篇和烘焙篇；"零散"的是融在每道食谱中的，独立又极其实用的知识技巧。

我们用心做的这本书，既有让你产生下厨欲望的精美图片，也有让你想跟着做的食谱范本，还有能让你读得懂、记得住的纯"干货"经验。食谱内容从入门到进阶，既能满足你的中餐胃，又能捕获你爱吃西餐、日料与甜点的心，且适用于从一人食到"轰趴"等多个场景，在你每一个下厨的日子都能派上用场。

• 为什么要写这本书

既然大家在新媒体上能获得那么多信息，为什么还要专门写一本书？

正因为通过新媒体传播的知识太多，我们才更需要纸质书。这些分散的、不定时的信息流，在充实人们碎片化时间的同时，也在将人们的时间割成碎片。无论哪一个学科，都需要将知识落实在一个可以持续给人启发的媒介上：纸质书，能供人反复查阅、快速学习的渠道。

书的一个好处（新媒体往往不具备的）就是让相关知识形成一个体系。在手机上浏览网络信息，可能经常被"热点"带跑。其中的很多信息昙花一现不说，更重要的是你很难真的让知识"变现"。今天学一项刀法技能，明天看一个做菜视频……由于这些知识都没有在脑中"串成串儿"，新的东西进来，很容易就被吹散。这本书的优势，是在你想烹饪番茄时，不仅能找到关于这个食材的食谱，还能在"刀法篇"里找到它的切分方式，也能在补充知识里看到各种罐装番茄的区分。顺着看下来，也就能基本掌握这个食材了。

• 写给"初学者"

筹备这本书时，我们从彼此身上学到了很多有趣的知识，也在撰写和反复检查时发现了容易被忽略的常识。在这本书里，这些被加重的细节你都可以看得到。

之所以将这本书定位为"给初学者的书"，有点"洗尽铅华"的意思。相比华而不实、炫技的厨房技巧，我们只会保证：书里的所有关于下厨的知识，你都学得会，且用得上。

从进入一个领域，到成为一名大师，中间是无数次的试练和漫长的时间。哪怕只面对一个食材或是一道菜，一个人的认知也达不到真正的天花板，你习得的技巧只会与日俱增。所以，从某种程度上来说，你我其实都是初学者。

对初学者来说，最重要的，是步履不停地求知和朴素而原始的热爱。

最后，我们想以自己的经验，给你 3 点建议：

1."适量""一小撮""少许"……只有你自己能定义

写这本书时，我们尽量规避了看似模糊的量词，给出了我们烹饪时所用的大致计量。但是，等成为一名进阶下厨者，你就会忽略书本上盐、辣椒粉、黑胡椒的克数。除了每款调味料的个体差异，每个人的口味偏好也不一样。所以，同样的菜只要多做几次，你就会懂得如何调味。

另外，书里的 1 茶匙（家里的小勺）约等于 5 毫升，1 汤匙（大勺）约等于 15 毫升。

2. 学会适度"放任"

每道菜都是下厨者和时间共同完成的作品。除了急火爆炒时要尽量缩短时间，更重要的，是要在做咖喱、红烧肉、排骨汤的时候，给它们充裕的时间。不要总是掀开锅盖看，定好闹钟，过了十几二十分钟再来看食物的状态。食物放到锅里以后，大部分工作，就是火候和时间的了。

3. 享受食物最好吃的时刻

合乎自己的胃口、家常、新鲜制作，就是组成"好吃的食物"的元素。参与从购买食材到料理出菜的整个过程，你会和食物产生特殊而紧密的联系，会获得独一无二的体验。"好吃"有时是一种比较私人的体验，抛去流派和"正统"，自己爱吃才是最重要的。而这本书的目的，就是给你灵活调味的底气。

本书使用指南

① 本书第一章"进入厨房前你需要知道的几件事",分别为"术语篇""厨具篇""刀法篇""调料篇"和"烘焙篇",是写给厨房新手的系统性的知识。

② 接下来的 4 个章节,分别是"最常见的家常菜,如何做出惊艳众人的味道""不去餐厅,周末照样吃得好""大展身手——让人忍不住'哇'出来的轰趴菜"和"新手做甜品,也能 100% 成功",详实地记录了 30 道二人食菜肴的制作方法,旨在让新手以这些为案例做练习,打下牢固的下厨基础。

预计的做菜用时,让你清晰规划一餐菜肴。

了解一道菜背后的文化、来源和制作要点以及需要准备的特殊工具。

通过欣赏清晰放大的成品图,可以对要做的食物有一个整体概念。

食材分为"主料"和"调味料"两个部分,主料是食谱的主角,调味料大多是厨房常备料。

③　除了主要的示例食谱，"衍生食谱"以主要食谱的相同食材或相似做法为出发点，用更快捷和直接的方式，作为进阶厨艺和丰富灵感的扩充。

揭秘让这道食谱"百吃不腻"和"百试百灵"的技巧，解答新手疑虑。

和主食谱不同的是，我们将食材的基础处理方法也放在了这里，希望能给你一个整体的认知。

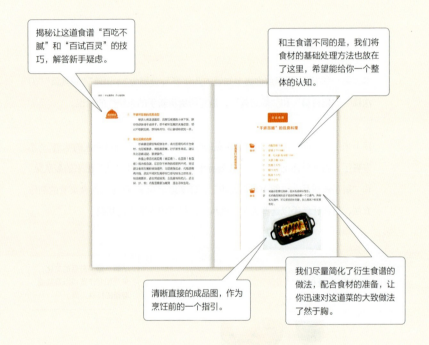

清晰直接的成品图，作为烹饪前的一个指引。

我们尽量简化了衍生食谱的做法，配合食材的准备，让你迅速对这道菜的大致做法了然于胸。

④　我们还补充了一些零碎的食材知识。比如，"酸菜鱼"食谱后面补充了常见鱼类的知识，在用到"罐头番茄"的食谱后加了各种罐装番茄的区分等。

什么值得 什么值得

吃，做

目录

 第一章

进入厨房前
你需要知道的几件事

 第二章

最常见的家常菜，
如何做出惊艳众人的味道

番茄炒鸡蛋：

不去餐厅，
周末照样吃得好

大展身手
——让人忍不住"哇"出来的轰趴菜

第五章

新手做甜品，
也能 100% 成功

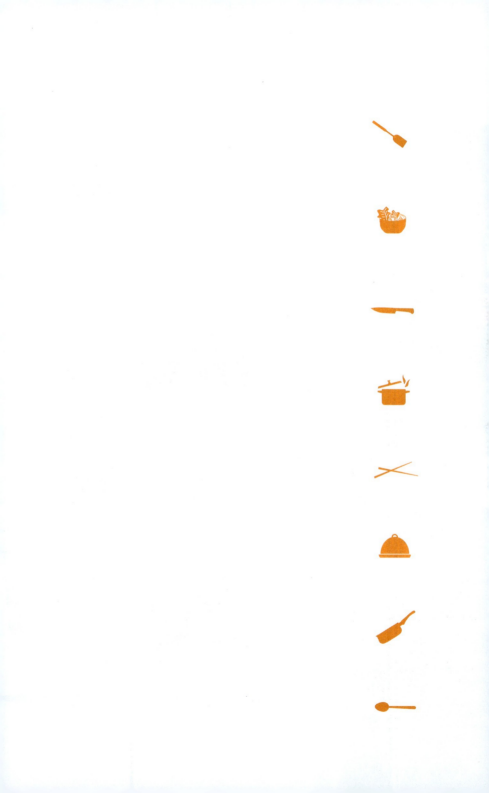

第一章

进入厨房前

你需要知道的几件事

新手知识一

术语篇

下厨前查阅食谱时，总能看到一些约定俗成的"话术"，比如，"油温六成热""收汁至浓稠"等。这些语句到底是什么意思？本篇力图在你开始烹饪前，让你能了解这些术语的基本含义。

水量

第二章第 2 节"糖醋排骨"中加水没过排骨

水量的控制是根据锅中食物的量来衡量的，有"加少量水""没过食材""加足量水"这样的表述。加少量水用于易熟的食物，加水是为了保持食物有一定湿度、避免糊锅，并通过水的热传导加速烹饪进程。没过食材、加足量水则用于炖肉。

火候

第二章第 6 节"萝卜炖羊肉"中小火慢炖

　　火候分为"大火""中火""小火",这直接影响烹饪时加热的进度。大火用于加速汤汁和水沸腾,以及快速爆炒(尤其是青菜,要避免烹饪过久变黄);小火用于长时间慢煮;中火介于两者之间。判断大中小火,除了通过刻度调整,还可以直接观察火焰。大火会蔓延到锅的边缘,小火保持在锅的中央小圈内。

油温

第二章第 11 节"酥炸蘑菇"中初炸蘑菇

　　油温多指炸食物时的温度,一般的说法有五六成热、七八成热,分别用于初炸、复炸。初炸用来炸熟,复炸用于让食物上色且更酥脆。五六成热时，油温在150℃~160℃，食物放到锅里后会先沉下去几秒再浮上来；七八成热时油温在180℃~200℃，食物放入不会下沉，复炸几秒就要尽快取出。

新手往往害怕油炸，怕油从锅中溅出伤到自己。但其实只有在油直接接触到水分高的东西的时候才会有溅油的危险，比如油炸青菜（炒青菜也是一个道理），但大部分炸物都是裹浆或裹干料之后再炸，只要确保面糊的稠度合适，能完全包裹住食材，基本不会有危险。另外需要注意的是，在超市购买的冷冻类油炸半成品，反而比新鲜的食材更危险，因为在运输过程中可能会出现解冻后再冷冻的情况，导致食材的表面形成小冰块，下锅后，油可能会溅出来，比较危险。

焯水

第二章第 11 节"酥炸蘑菇"中焯水逼出蘑菇水分

焯水又称"飞水"，是食材预处理的主要方式之一。蔬菜、菌类、豆类和肉类食材都适用于焯水。叶类青菜焯水后会更青翠，苦瓜可以去涩，北豆腐焯水可以去豆腥味，肉类可去血污。蔬菜在沸水中焯水，可达到全熟或断生的状态，然后就可以再直接凉拌或是进一步加工。焯水后的食材应过凉水或暂时存放在冰水里，将加热过程停止，避免加热过度。肉类应冷水下锅慢煮焯水，避免蛋白质凝固。

收汁

第二章第 12 节"油焖大虾"中最后一步的收汁

　　如何判断"收汁至浓稠"？炖煮的时候用小火，是为了肉能充分炖至软烂；收尾时以大火收汁，是为了锁住味道，并将不必要的水分蒸发掉，让成色更好。判断汤汁达到理想状态的方法是：轻轻摆动炒锅，汤汁能紧紧地跟着肉流动。也可以时而将锅离火，让表面的泡泡消掉，肉眼判断汤汁浓缩的程度。

腌制

第二章第 8 节"宫保鸡丁"中抓匀腌制鸡丁

　　腌制是对食材风味的预调理，腌制的调料可根据菜肴口味调整。加料以后要抓匀静置一段时间，像鸡翅、虾仁这样容易入味的食材，腌制 5~10 分钟即可，排骨、鸡腿等肉类大概需要腌制半小时，也可在食材上切开小口便于入味。

上劲

第二章第 10 节"青菜丸子汤"中给猪肉馅上劲

制作肉馅和肉丸时，都有一个"上劲"的步骤，以求让食材起黏性，更鲜嫩多汁。操作方法是沿着一个方向（顺时针或逆时针）持续搅拌，搅拌过程中如果肉太干可加少量水，直到肉馅起了黏性、感觉搅拌起来有了阻力即可。

勾水芡

第二章第 4 节"麻婆豆腐"中添加芡汁

说到勾水芡，和调水淀粉（芡汁）分不开。水淀粉就是 1 份的淀粉加 3~4 份的水，混合均匀成清糊状，加入菜中，能为成菜增加稠度。

第三章第 3 节"烤猪肋排"中给排骨翻面重新刷酱

食物送入烤箱前，要先预热好烤箱。烤蔬菜和肉类时，尽量都放在锡纸上，减少清理烤盘的麻烦。另要注意锡纸的亚光面用于接触食物。

新手知识二

厨具篇

厨具，指烹饪中会用到的工具、锅具，本篇分而述之。

对做菜频率较低的新手来说，厨房工具必需少之又少，一般只备厨刀、砧板、锅铲即可（烘焙工具将在《烘焙篇》介绍）。

关于工具

（1）厨刀和砧板

厨刀大体上可以分为中式、西式、日式三类。西式厨刀分工明确，各司其职，有条有理；中式厨刀物美价廉，一把菜刀加一把砍骨刀，就能万用；日式厨刀锋利异常，切面利落。对新手来说，重要的是自己用着趁手，入门阶段用一把菜刀或是西式主厨刀足矣。

其实，与其花费精力选刀，不如花时间养护。就算花上万元买了一把顶级的德国或者日本刀，使用几个月之后还是会有卷刀和变钝的情况。所以平时用刀时要注意使用方法，遵循说明书上的注意事项，尽量做到"不毁刀"。

好厨配好刀，更需要磨刀。对于大部分的中低档厨刀，我们可以自备一根磨刀棒，在家养成随手磨两下的好习惯，能大大延缓变钝的速度。而对于高档厨刀，建议直接找专业人士保养。一把磨过的便宜刀，效果好过许久不磨的高端刀。

磨刀有一个例外，就是陶瓷刀。陶瓷刀锋利好用，切蔬菜水果很顺手，外观也好看，但陶瓷刀材质脆，是不能磨的，也不适合处理鱼、肉类食材。

简单的磨刀方式：刀和磨刀棒呈 30°~45° 角，从刀末端开始，向刀的尖端（同时也是磨刀棒的顶端）画弧线推出去。磨另一边刀刃同理。

至于选购砧板，我们总是容易根据过去的经验，去买方形的竹木板或者圆形的实木版，但其实塑料板、硅胶板、不锈钢板等也很好用。竹板或木板在长期使用之后难免会有细菌残留，表面也会带上划痕，而塑料板和金属板就没有那么多困扰，还可以直接扔进洗碗机消毒，比传统菜板更方便。

（2）锅铲和 V 形夹

真正的中餐大师傅炒菜时用的都是马勺，但对新手来说，马勺太难掌控，还容易把食材粘在勺子里面倒不出来，所以锅铲（如图）更为方便。锅铲的选择比较自由，如果你的锅对锅铲没有限制就可以买不锈钢铲，如果是不粘锅就买木铲。木铲的缺点在于木头会吸收食物的颜色和味道，但价格不贵，可以经常更换。硅胶铲对于大多数人来说比较陌生，更适合做甜点。

在西餐料理中，V 形夹子（如图）比较容易上手。无论是煎牛排、煮意面，还是扒蔬菜，这种夹子都能精确地夹取食物，进行翻面或夹出。

关于锅具

对新手来说，锅是什么牌子不重要，重要的是拿来做什么。

经常有人问：什么牌子的锅比较好？听说厨房里要有一个煎锅、一个炒锅、一个炖锅、一个煮锅，在哪里能买到一套？这种问法其实从根本上就错了，因为挑选什么样的锅，完全取决于你喜欢做什么类型的菜。喜欢大排挡里那种大火爆炒的快感，那么你需要的是传统中式大铁锅；如果只是炒家常菜的话，不粘锅对新手来说更适合；如果几乎天天煲汤，砂锅是必备；但若只是偶尔想喝个玉米排骨汤，随便一款汤锅，甚至电压力锅，都可以。就算单纯要"煎"东西，也要分西餐煎牛排和中餐煎豆腐两种方式，前者需要高温快速锁住水分，铸铁煎锅最适合；后者需要耐心等待表面变脆，不粘煎锅更安全。

所以选择锅的时候，并不是在网上看到所谓的"网红款"，就买个日本南部铁器或者德国的钻石锅。请仔细分析自己的料理喜好和烹饪经验，由此决定自己需要什么功能的锅，再考虑品牌。与其花大价钱买一个并不常用的锅（不会养护还会导致损坏），不如先从价格中等的开始，慢慢摸索，看自己究竟喜欢什么样的锅。

所以，对新手来说，有一口炒锅（或有一定深度的平底不粘煎锅）、一口带盖子的炖锅就能满足制作中餐和基础异国料理的需求。如果真的喜欢煮面或是蒸东西吃，不妨再加一个小点儿的煮锅和一口蒸锅。

当然，除此之外，你还可以选择更多适合自己的锅。至于怎么选，可以从这 5 个角度考量。

① 导热与保温：导热与保温会直接影响食物的质量。一般来说，导热性好的锅对温度较为敏感，开火后，锅很快就可以热起来，炒菜过程中调整火力大小也能很快导热到锅内；而导热性差的锅，就算锅底下开到大火，也要很久才能导热成功（所以没有人做玻璃炒锅，因为导热性太差）。保温性能好的锅不容易散热，食物在锅内可以更均匀地受热；但缺点是如果食物煮过头，就算马上

关火，食物在锅里也会继续被加热，容易焦糊。

② 不粘性能：对于新手来说，不粘性能非常重要。不粘锅不仅可以在煎鱼、煎豆腐时保持表皮完整，在炒菜时防止食材粘在锅底糊掉也是一大优点。

③ 使用过程：锅的重量是否合适？可不可以空烧？对锅铲有没有限制？都是新手挑锅时很容易忽略的问题。

④ 清洗过程：如何清洗，清洗起来麻烦不麻烦？

⑤ 养护过程：需不需要养护，频率多高？

　　跟随这种思路，我们再来聊聊常见的 6 款锅的性能对比。

（1）不锈钢锅

导热与保温： 导热性较差；保温性与锅的厚度有关，一般来说保温效果中等。

不粘性能： 容易粘。

使用过程： 几乎没有限制，可以空烧，也不挑锅铲。

清洗过程： 几乎没有限制，糊锅可以用钢丝球刷，也不会生锈。

养护过程： 不需要养护。

　　不锈钢锅使用起来非常简单，没有什么注意事项。缺点是会粘锅且不好导热；好处是可以刷得很干净，也可以直接塞进洗碗机。

　　对于新手，不推荐不锈钢炒锅，但不锈钢汤锅或者不锈钢奶锅都是可以考虑的。另外，如果经常油炸食品，备一个耐炸的不锈钢锅也很有必要。

（2）不粘锅

导热与保温： 导热与保温都与锅体的材质、厚度有关，一般来说属中等水平。

不粘性能： 极高，新手可以放心使用。

使用过程： 不能空烧，不能骤冷骤热，需配合使用木铲或硅胶铲。

清洗过程： 要等完全冷却后再洗。糊锅后不能用钢丝球刷。

养护过程： 不需要养护，但涂层不耐磕碰。

过去，不粘锅的涂层只有特富龙一种，不利于人体健康。近些年出现了很多新类型，如陶瓷涂层、华福涂层，甚至还有所谓的钻石涂层，新技术的出现已经让不粘锅变得非常安全。辨别不粘锅很简单：将少量油倒入锅内，不粘锅内的油会像荷叶上的露珠一样聚集成团，而其他锅内的油会形成薄薄的一层。正是这种特性使得它能不粘食物，但同时也因为油层分布不均匀，炒菜时的风味会受到一些影响。

不粘锅几乎是新手必备的锅，因为当你还不能熟练掌握温度和时间的时候，不粘锅可以让你少犯错。但其缺点就在于锅内的涂层需要小心对待，不管是硬物划伤还是高温烧坏，只要涂层有损伤，不粘性能就会大大下降。

用不粘锅煎东西，倒入的油相对较少，比较分散，不利于均匀受热，建议煎东西时可将锅轻微摇晃，使其受热均匀。

（3）不带珐琅层的铸铁锅：中式铁锅

导热与保温： 导热性中等，保温性较好。

不粘性能： 新锅容易粘，但养护一两年后就会变得不粘，并且越用越好。

使用过程： 没有什么限制，但锅比较沉，不适合臂力弱的女生。

清洗过程： 做完菜后需要尽快清洗，否则会生锈，可以用钢丝球刷。

养护过程： 清洗之后用火烧干，并涂一层油，每周至少一次。

　　铸铁锅和中式铁锅（指有一定厚度的锅，不推荐太轻薄的铁锅，会变形）对于有一定烹饪经验的人来说是非常好用的锅。但对于新手来说，需要有一定的耐心去实践。

　　另外，并不是说保温性能好就可以让食物长时间在锅里炖煮，水分变少的情况下铸铁锅也很容易糊锅。

（4）带珐琅层的铸铁锅：搪瓷锅

导热与保温： 导热性中等，保温性较好。

不粘性能： 中等，炒肉类会粘。

使用过程： 不能空烧，不耐磕碰，较沉。

清洗过程： 不能用钢丝球清洗，但也不会生锈。

养护过程： 不需要养护，注意不要磕碰。

　　带珐琅的铸铁锅除了拥有上述铸铁锅的种种不便，还容易粘锅。其实在上一段也可以看到，铸铁锅并非一无是处，因为其卓越的保温和密封性能，铸铁锅能保留更多食物的本味，达到完美的口感。然而，不推荐新手购买铸铁锅，因为对于大部分家庭厨师来说，评价一口锅除了烹饪功能，还包括使用、清洗和养护过程的难易度。再好的锅，如果使用起来有诸多限制，其适用性也要打个折扣，何况对新手来说最重要的是安全、稳定、有一定的容错率。其他材质的锅也是一样。

（5）铝锅

导热与保温：导热性好；保温性与锅的厚度有关，一般属中等水平。

不粘性能：中等。

使用过程：无限制。

清洗过程：无限制。

养护过程：不需要养护。

铝锅并不常见，但网红款日式雪平锅你肯定见过。传统的雪平锅是铝做的，又小又轻，加热很快，可以用来煮面，但不适合炒菜。

另外，在西餐厅的后厨经常可以看到小号的铝制煎锅，因为加热快，刷洗方便，价格低廉，所以颇受西厨欢迎。如果你很喜欢做西餐，可以备一个这样的锅，用来煎鸡胸、煮酱汁。

（6）铜锅

导热与保温：导热性极好，保温性较好。

不粘性能：中等。

使用过程：不耐高温，不能空烧。

清洗过程：冷却后再洗，不能用钢丝球。

养护过程：较麻烦，要经常擦拭抛光；如果表面锡涂层磨损，要送到专业机构修补。

铜锅在西厨中经常用于制作甜点，因为糖浆、巧克力的熬制需要精确控温，用铜锅最佳。但铜锅价格贵，养护成本也高。

新手知识三

刀法篇

在本篇里，我们将介绍新手常用的 16 种基础刀法。按照目的不同，将其分为成形、处理特殊食材、花刀 3 个部分。

成形

（1） 切片（以土豆为例）

先把食材削皮、洗净；

如果食材不平整，就在接触砧板的部位切下一小片；

左手四指按压食材，指尖往回收避免切到手，右手将食材均匀切片。

（2） 切肉片

切肉片时，要找准肉的纹理，"有横切牛羊竖切猪，鸡肉最好用斜刀"的经验之谈。从冷冻室拿出来，半解冻状态的肉更好切一些。还可以在切片的基础上切小条。

（3）切块（以紫薯为例）

食材去皮洗净后，先横切成两半，再将每一半切开，再切块。

（4）切段、切圈（以蒜薹、辣椒为例）

将食材去掉头尾，再沿着食材，按照同样长度切段；

切辣椒时候同理，沿着食材切。

（5）切瓣、切角（以番茄、土豆为例）

番茄竖切成两半，然后切瓣；

去掉番茄蒂再烹饪；

土豆竖切成两半，然后再对半切。

（6） 切丝（以青椒为例）

先把食材去籽，横切去掉白色经络；

食材切成片状后，再切丝。

（7） 切丁（以豆腐为例）

将豆腐放在砧板上，先横切一刀；

然后按照竖条纹路切开，再切丁。

（8） 切滚刀块（以胡萝卜为例）

先斜切一刀，切下一块；

然后翻转胡萝卜，从另一个方向切下一块；

以此类推。

（9） 剁馅

先将肉块上的皮去掉；

然后将肉切成小块；

再反复剁碎。

处理特殊食材

（1）拍蒜

蒜放在砧板上，不用去皮，用刀侧面拍下去；

拍好的蒜更易于剥皮。

（2）切香草碎

将香草叶从根茎上摘下；

像剁肉馅一样切碎即可。

（3）切洋葱末

洋葱剥皮后对半切开，横着切几刀，不切断；

再竖着划开几刀；

此时再切，可直接获得洋葱碎。

（4） 烤鸡的切法

先切去鸡头部位，要使用剁骨刀切；

再切去翅尖；

鸡爪部分可以拧掉（也可不拧）；

切去鸡屁股；

掏空内脏并用流水冲洗干净，即可开始烤鸡。

花刀

（1） 切茄子（做茄盒）

茄子洗净后，先切一刀下去，但不切断；

再相隔同样的距离，切断成块，形成夹形。

（2） 切风琴土豆

在土豆下放一双筷子，便于不切断土豆，每一刀之间的间隔不用过大，因为在烤制过程中会收缩。

（3） 切柠檬花刀

准备一把小刀，从柠檬的"腰部"扎到中间部位；

以持续不断的 V 形刀切一圈；

对半掰开即可。

新手知识四

调料篇

调料能为菜肴增添风味，是厨房必备物品。按照类别，可以分为基础调味料、香辛料、补足调味料、常见香草，新手需求度依次递减。

基础调味料

基础调料有油、酱油、醋、糖、酒，各自都有不同的类别，下面逐一区分进行讲解。

（1）油

油的种类主要跟原料有关。中餐中常见的油有玉米油、大豆油、菜籽油等，还有色拉油、调和油等调配而成的复合油，这些油在使用过程中几乎没有区别，也没有特殊的味道，可根据喜好选择。

花生油

有些地区的人特别喜欢花生油，因其有特殊的香气。

芝麻油（香油）

芝麻油也叫香油，有明显的芝麻香味。上面提到的油一般都要加热后才能食用，而芝麻油在常温下就可以直接食用，所以一般用于凉拌菜，或者在汤里滴上几滴增香。芝麻油也可以用来炒菜，但在国内不常见，国外的"中餐"中经常用到。

橄榄油

橄榄油也有特殊的香味，外表呈鲜艳的黄绿色。在西餐中，橄榄油非常常见，无论是洒在沙拉上，还是炒意面酱汁，都会用到橄榄油。橄榄油的烟点比较低，在炒菜时需注意，温度过高容易冒烟。

猪油

猪油是从猪的肥肉中提取的脂肪，肉香味浓，所以在炒素菜时放一点猪油会特别香。但吃太多猪油对健康有害，需要控制用量。

（2）酱油

酱油是我国传统调味品，是由黄豆、小麦和盐水发酵而成的制品。现在市面上常见的酱油分成生抽、老抽两种，除此之外，还有豉油、味极鲜、寿司酱油等种类，要怎么挑选呢？

我们先从生抽、老抽的区别开始。生抽、老抽是酿造过程中不同时间段的产物。从味道和颜色上来讲，生抽盐味重、颜色淡，老抽盐味轻、颜色深。日常炒菜时生抽用途更多，老抽一般在红烧肉、卤汁中起到上色增鲜的作用，或者跟生抽成比例搭配使用。对于新手来说，生抽用途最广，是厨房必备的调味料。在有些地方不分生抽、老抽，只有"酱油"一种叫法，这种酱油一般更像生抽。

生抽、老抽有不同的质量等级，所以在名字前还有特级、金标、招牌等标记，价格也有所区别。

除了生抽、老抽，其他的豉油、味极鲜等酱油制品都可以看作是用生抽、老抽调配出来的，比如豉油是口感上盐味更淡、甜味较重的酱油，味极鲜则是在酱油的基础上添加味精突出鲜味。

日本酱油与中国酱油不太一样，有白酱油、淡口酱油、浓口酱油、溜酱油等几个种类，他们最大的区别是原料中黄豆、小麦和大米的比例不同。日本的浓口酱油与我们的生抽＋老抽类似，可以互为替代品，而别的日本酱油与中国酱油的味道区别较大。

（3）醋

醋是由粮食、谷物或水果酿造而成的酸味调味品。醋的味道与酿造原料有关，我国常见的原料有高粱、大米、麦麸等，国外有用葡萄、苹果等酿醋的。

山西老陈醋就是高粱醋的代表，而镇江香醋是典型的糯米醋，味道各有特点，可以根据自己喜好来选择，但在烹饪中它们的用法没有区别。

除了以上两种颜色较深的醋，还有白醋、米醋。都是透明的醋，在一些凉拌菜和炒菜中，为了不影响成品的颜色，会使用白醋。

另外，还有饺子醋、姜醋等，是在酿造醋的基础上加入蒜、姜等调配而成，可以根据需要选购，或者自己在家简单配制。

西餐中经常用到的有意大利黑醋、白葡萄酒醋、苹果醋等，味道与中国醋有所区别，不可代替使用。其中，意大利黑醋（也叫意大利香醋、摩德纳香醋等）是由葡萄酿成的，有特殊的香气与回味，与橄榄油搭配就是简单而又万能的油醋汁，拌沙拉或蘸法棍都可以。黑醋的质量与年份相关，年份越久，醋越浓稠香甜，价格也就越高。

本书中还用到了日本的柚子醋（酸橘醋、柠檬醋等都是同类型），但这不是用柚子酿的醋，而是用谷物醋加上酱油、高汤、柑橘果汁制成的调味汁，买不到时可以自制替代品。

（4）糖

如果只是做菜的话，除了红糖味道不一样，其他的糖在口味上没有什么区别，都可以互为替代品。从方便性和耐储存性的角度来说，砂糖是最实用的选择。

如果要做甜点，则不要随意用别的糖代替，因为甜点中的糖不仅要提供甜味，还有其他的作用。比如，绵白糖含有糖浆，不适合用来打发蛋白。粗砂糖和细砂糖在烤箱中融化速度不一样，也不能互相代替。糖粉里的少量淀粉对于味道来说没有影响，但在煮糖浆或者做焦糖时就有影响。所以如果是做甜点，菜谱里说用什么糖就用什么糖，不宜乱改。

至于焦糖，并不是一种能买到的商品糖。将白糖加热到120℃~180℃时会发生脱水反应，颜色变黑，带来苦味，这时候的这种又甜又苦的糖就叫焦糖。不光甜点中会用到焦糖，红烧肉的"炒糖色"就是将白糖转化为焦糖而形成的。

砂糖

砂糖是一粒一粒结晶的蔗糖，纯净度比较高，储存也很方便，在烹饪、烘焙中都常用到。根据砂糖的颗粒大小可分成粗砂糖、细砂糖、幼砂糖等，最常用的是细砂糖，本书中用到的绝大部分"糖"都是指细砂糖。

将磨细的砂糖加入一部分糖浆合成之后就变成了绵白糖。绵白糖颗粒较细，相比砂糖来说溶化较快，没有颗粒感，在中餐中经常作为蘸糖出现（如糖拌西红柿、甜粽子蘸糖）。但绵白糖不易储存，开封后容易结块，如果不是经常使用的话，实用性不强。

冰糖

　　冰糖是结晶颗粒较大的砂糖，分为单晶冰糖和多晶冰糖，冰糖从本质上来说跟砂糖是同一种东西，不管是单晶、多晶冰糖，还是砂糖，加热熔化后，使用起来没什么区别。

糖粉（糖霜）

　　将砂糖磨得特别细就是糖粉。糖粉一般用在甜点烘焙中，其他地方很少用到。市场上的糖粉都会掺一小部分的淀粉，这并不是假冒伪劣，而是因为纯糖粉接触空气后容易结块，加入淀粉就可以缓解。

红糖

　　甘蔗中的糖在没有纯化的情况下带有红褐色，就是红糖。红糖有特殊的风味，在中式甜点中有时会用到。红糖也很容易结块，要注意密封保存。

（5）酒

　　无论中餐还是西餐，酒都是烹饪中的重要元素。酒可以去腥，可以让肉的口感更嫩，也会带来更丰富的香味。

　　中餐中常用的酒是料酒，料酒是在黄酒的基础上加入香辛料、食盐等调配而成的烹饪用酒。料酒没有太多种类，选购时也不用特意留心区分。用陈年黄酒效果更佳。

　　西餐中常用的酒是红葡萄酒和白葡萄酒，都是指用来喝的酒，不用单独买烹饪酒。当然，酒的品质越好，做出的菜也会越好吃。

　　日式菜系中会用到日本清酒，在甜点烘焙中还会使用到朗姆酒、力娇酒等，这些都可以根据需要购买，不用常备。

香辛料

（1）八角等中餐香料

　　八角，也叫大茴香、大料，一般呈深棕色的八角星形状。桂皮，一般是浅褐色的带卷的棒状（碎了就变成片状）。香叶，是灰绿色的干叶子。

除了这些，中餐中常见的还有丁香、草果、白芷、砂仁、山奈（沙姜）、孜然、小茴香等。对于新手来说，常备八角、桂皮、香叶，就可以制作简易的炖肉、卤汁等菜了。

（2）花椒

花椒与上面那些香料不太一样，因为八角、桂皮的用法几乎只有一种，就是浸在汤汁里长时间熬煮，花椒的用法则灵活得多，炖汤时可以放几颗，炒菜时可以抓一把炝锅，还可以做成椒盐蘸着吃。

花椒香味独特，是一些菜品中的必备调料。但花椒吃在嘴里会有麻麻的感觉，如果不喜欢这种口感，可以在炝锅后捞出来丢弃。

（3）黑胡椒

黑胡椒在中餐、西餐中都会用到，但中餐中更多用到的是它的辛辣味道，所以用黑／白胡椒粉比较多；西餐中往往需要它的香气，所以用现磨的黑胡椒会更好。

胡椒除了有黑色的和白色的，还有绿色的、红色的，等等，味道都略有不同。黑胡椒和白胡椒不可互相代替。

（4）五香粉

五香粉就是从第（1）项的中餐常见香料中选5种（有时候是6种、7种）磨粉调配而成的。粉末状使得它除了可以用来炖肉，还可以用在腌肉、包饺子、炒菜等多种用途中，非常方便，适合新手使用。不过一旦进阶之后，最好还是自己搭配香料，可以组合出多种变化来。

（5）咖喱

咖喱是一种复合香料，包含十几种甚至几十种香料，是印度大陆的代表香料。咖喱有咖喱粉、咖喱块两种形式，不同之处在于用咖喱块可以直接煮出浓稠的汤汁，而单用咖喱粉的话，汤汁比较稀薄。对于新手来说，咖喱块是方便而又简单的选择。

（6）香草碎

西餐中会用到很多香草，比如罗勒、欧芹、牛至等，新手可能难以分清，简易的替代品就是混合香草碎。根据香料种类和比例的不同，有意大利混合香草、普罗旺斯混合香草等种类，但对新手来说区别不大。

值得注意的是，混合香草碎是干制后的香草，一般用在腌制、炖肉或者做酱汁的时候，不能像新鲜香草一样在最后撒在菜品上。

补足调味料

（1）蚝油

蚝油是中式调味料，是用生蚝（牡蛎）肉熬成的汁浓缩调配而成，带有浓郁的鲜甜味。蚝油是百搭调料，大部分菜都可以加一点蚝油，提鲜作用非常明显。蚝油种类不多，但在购买时可以留意配料表，蚝汁排在靠前位置的都是真材实料的蚝油，劣质蚝油会少用甚至不用蚝汁。

蚝油容易坏，开启后最好放冰箱冷藏，并且尽快用完。

（2） 豆瓣酱

　　豆瓣酱在全国各地指代的是不同的调味料，比如黄豆酱、豆豉等。本书中指的是郫县豆瓣酱，味道鲜香麻辣，颜色红亮，是川菜中经常用到的调料。

　　豆瓣酱开启后需要在冰箱冷藏保存，每次要用干净的勺子或筷子取用，防止污染。

（3） 味啉

　　味啉（也叫味霖、味酥、米林等）是日本料理中的调味料，类似甜味的米酒。如果买不到味啉，可以用酒酿汁＋糖来代替。

（4） 鱼露

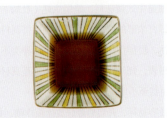

鱼露是东南亚菜系中常见的调味品，虽然颜色看起来是淡淡的琥珀色，但盐度很高，不宜多放。鱼露是由鱼发酵而成的，闻起来会有独特的"臭味"，但少量用于烹饪中可使菜品变得鲜美。

鱼露味道特殊，不可用其他东西代替。

常见香草

（1）罗勒（Basil）

罗勒在中国有个亲戚，叫九层塔（金不换），在潮汕菜中经常用来搭配炒海鲜，台湾菜中的三杯鸡也加了大量的九层塔。两者相比起来，九层塔带有一些类似八角的香气，有似有似无的辛辣味，而西餐用的甜罗勒味道则更柔和，回味带甜。

罗勒和番茄的味道很搭，在意大利菜中应用很广，最传统的意式玛格丽特比萨中就用到了罗勒。意大利人还喜欢将大把罗勒叶与橄榄油、蒜、松仁一起捣成青酱，直接拌意大利面吃。（注意：罗勒的味道比较容易挥发，因此适合在最后时刻加入，如果要长时间炖煮的话，需要加入大量的罗勒叶子。）

使用方法：将罗勒叶子一片片摘下来，用手轻揉，使叶子散发香气后直接撒入锅中。或者将几片叶子卷成条，用刀切成细丝使用。

一般在大型商场、进口超市都能买到罗勒。

（2）百里香（Thyme）

百里香味道淡雅，带有一丝类似柠檬的香气，适合长时间炖煮，是西餐中可以百搭的香料。

使用方法：将叶片从枝条上撸下来即可撒入锅中。如果用量较大，可以将一把百里香扎成一束，直接留在锅中炖煮，出锅前挑出枝条即可。

百里香在国内市场比较罕见，基本只能在主销西餐食材的市场才可买到。不过，好在百里香用途也比较少。

（3）欧芹／法香／巴西里（Parsley）

欧芹有两个版本：长得像芹菜叶子的平叶欧芹和长得像迷你西兰花的皱叶欧芹。欧芹又叫法国香菜，它确实有一丝丝香菜的气味，但比香菜要温和许多，而且带了些青草的味道。欧芹的用法也与香菜类似，在食物出锅的最后时刻撒在菜品上即可。由于其具有独特的清香，欧芹经常与重油的肉菜搭配，是解腻的一把好手。

使用方法：平叶欧芹将叶子揪下，用刀切碎即可。皱叶欧芹用手将叶子掐下，揉碎即可。

专门的欧芹还是很少见的，可以用我们的香芹叶代替。

（4） 迷迭香（Rosemary）

迷迭香的香味浓郁而独特，会让人想起胡椒和松木的辛辣气味，一闻就让人头脑清醒，非常适合与土豆、肉类搭配。迷迭香叶片厚实，所以不适合直接吃，一般在腌肉时放入，让肉充分吸收它的味道。另外，由于香味太浓，用量不需要太多，一两枝就可以腌一块肉了。

使用方法：整枝与肉一起腌制，或整枝入油浸炸。

迷迭香算是比较常见的香草，在网购平台基本都能找到。

（5） 牛至／比萨草（Oregano）

牛至的味道在新鲜叶子中并不突出，但一旦炖煮就会散发出很香的味道。原产于地中海的牛至也是意大利菜的常备香草，因为经常出现在比萨的番茄酱里，所以也有人叫它"比萨草"。

使用方法：叶子揪下后切碎使用。

新鲜牛至很少见，即使在北京三源里菜市场也要碰运气。好在，干牛至碎基本可以替代使用。

（6） 鼠尾草（Sage）

鼠尾草的味道很独特，带一点药香味，甚至有人觉得新鲜的鼠尾草闻起来有点臭。因为其气味浓烈，经常被用来腌制内脏等味道较重的食材。鼠尾草叶子的口感不佳，所以也不适合直接拿来吃，腌肉炖汤都比较适合。

使用方法：整片叶子用来腌肉或入油浸炸都可以。如果用来炖汤，则可把叶子切碎使用。

鼠尾草同样很少见，需要专门到线下进口市场找，用途也较窄。

（7） 月桂叶（Bay Leaf）

月桂叶其实就是中国的香叶，普通超市就能买到，在用法上也是一致的，以长时间炖煮为佳。

使用方法：整片叶子入锅炖煮，出锅前将叶子挑出丢弃。

（8）莳萝（Dill）

　　莳萝的味道有点像气味清淡的小茴香，同时又带有青草的气味。莳萝适合与海鲜搭配，三文鱼与莳萝是固定搭档。

　　使用方法：撕成小朵，直接食用。

（9）藏红花／番红花（Saffron）

　　藏红花是世界上最昂贵的香料，按重量计算，其价格甚至高过黄金。藏红花是番红花的雌蕊晒干后的产物，1克藏红花需要150朵番红花才能制成。

　　藏红花的味道清淡，带一点药香，还带有染色效果。在中东、印度等菜系中也经常使用到藏红花。

　　使用方法：通常每次不超过5根，直接放入锅中与汤同煮。

　　藏红花很昂贵，但是由于耐存放，所以在网购平台就可以买到。

（10）肉桂（Cinnamon）

　　肉桂其实是中餐香料桂皮的亲戚，除了都可以用来炖肉，肉桂在西餐中更多是出现在甜点中，如苹果派、南瓜派中经常会加入肉桂粉。

（11）香草荚（Vanilla）

　　香草荚是甜点中经常用到的材料，有一股浓郁的类似冰激凌的香味（因为小时候吃的冰激凌都是香草味的）。

　　香草荚在新鲜状态下没有香味，需要经过干燥、发酵等一系列工序后才会产生独特的奶香，所以通常买到的香草荚都干巴巴的。

　　使用方法：将香草荚纵向剖开，用刀尖刮出里面的香草籽使用。剩下的外壳可以与其他材料同煮后捞出，以增加香味。

　　新鲜香草荚昂贵且罕见，烹饪时可以直接用香草精代替。

新手知识五

———

烘焙篇

———

在烘焙篇中，我们会介绍常见烘焙食材、基础面团和烘焙工具 3 部分内容。

常见烘焙食材

（1）面粉

面粉含有一定量的蛋白质，这些蛋白质在遇到水分子之后会形成一定的网状结构，使面团带有弹性。这种弹性就叫面团的筋性，如果把面团里的其他成分都洗掉，只剩下蛋白质网，就叫作"面筋"。面粉的筋性越高，面团越有弹性和韧性，有嚼劲，拉扯时不容易断，像年糕一样。

因为面筋含量的高低对面团的性状有很大影响，所以根据不同的用途有高筋粉、中筋粉、低筋粉的区别。高筋粉通常用来制作面包，因为韧性好的面团才能支撑起面包内部无数的气孔，让面包吃起来又软又暄；低筋粉通常用来制作蛋糕、饼干等，口感酥、软；中筋粉用途非常广泛，绝大部分面点都是用中筋粉制作的，超市里的"饺子粉""小麦粉""麦芯粉"等都是中筋粉，一般也不会单独称呼其为中筋粉，直接叫面粉。

（2）黄油

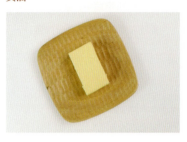

有盐黄油：加了盐的黄油，一般适合拿来抹面包吃，不适合烘焙。

无水黄油、片状黄油：将普通黄油内的水分降到 0.1% 之后得到的黄油。这种黄油的软化和融化温度与普通黄油不一样，不适合一般烘焙。制作千层酥皮时可以用到这种专用黄油。

发酵黄油、酸性黄油：将牛奶轻微发酵后制作的黄油，风味比普通黄油更丰富，价格也更高。在烘焙中可以用来代替普通黄油。

人造黄油、植物黄油：不是真正的黄油，含有反式脂肪酸，对人体健康有风险，不推荐使用。

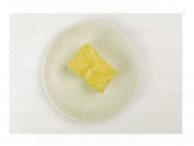

黄油是从牛奶中提取的脂肪，自带奶香。但黄油中除了脂肪，

还有一定的蛋白质和水分，所以与其他油不同，黄油有明确的固体和液体状态。

　　黄油需要冷藏保存，在4℃左右的冰箱里，黄油是固体状态。但要注意黄油最好不要冷冻保存，冷冻保存容易让里面的水分冻结后析出，油水分离后就无法使用了。黄油从冰箱里拿出来后，随着温度升高会变成半硬不硬的状态，轻轻按压会留下指印（如上页图）。当温度升到28℃时，黄油就彻底软化了，可以被塑成任何形状，此时如果降温，黄油又会变回固体状态。而当温度继续升高，超过34℃之后，黄油就会融化成液体，这时候就算放回冰箱也无法变回之前的样子。

　　在烘焙中经常出现的"将黄油软化"，就是指25℃~28℃这个区间，这个时候的黄油像面糊一样柔软，打发后可以容纳很多空气。软化黄油最简单的方法就是提前几个小时将黄油拿出来，让它在室温下自己变软。但如果时间紧急，可以将黄油切成小块，用微波炉每次热5秒，取出搅拌并检查状态，直到大部分都软化为止。用微波炉软化黄油一定要切小块，并且每次不能加热太长时间，不然黄油会在微波炉里爆开。

（3）酵母

　　谈到发酵，我们知道牛奶发酵会变成酸奶，麦芽发酵会变成啤酒，那面团发酵后会变成什么呢？

牛奶的发酵是乳酸菌将乳糖分解为乳酸的过程，所以会变酸；麦芽的发酵是酵母菌将淀粉和糖类分解为二氧化碳和香味物质的过程，所以啤酒会有很多泡泡。面团也是由酵母菌发酵而成，也会产生气体。这些小气泡会被困在面筋的蛋白质形成的网中，让整个面团变得轻盈又多孔。面团加热后酵母菌死亡，但气孔留下，面团不再像死面疙瘩一样又硬又难嚼，而是变得口感松软，这就是面团发酵的意义。

所以面团发酵有两个重要因素：酵母的活跃程度和面筋网。酵母在 5℃~40℃ 范围内都可以生活，但在 35℃~40℃ 下最活跃，所以中式面团的发酵通常在室温或者热气下发酵，一般发酵 2 个小时就可以。而西式面包面团为了引出更多的风味，会在更低的温度下发酵更长的时间，甚至放在冰箱里过夜。

面筋网的牢固程度也是面团发酵成功的重要因素，不够牢固的面筋网会掌控不住气泡，整体看来就是面团"塌了"。面筋可以通过"揉面"获得；也可以给蛋白质留一段时间，让它们自己慢慢变成网状，这就是"醒面"。

发酵成功的标志，通常情况下就是：面团变成发酵前的两三倍大。发酵完成之后，往往要再揉几下面团，把空气排出去，为什么呢？因为酵母菌会一直活跃，而发酵成两三倍大说明酵母菌已经繁殖到了一定数量，面筋网可以支撑起这么多的气泡，所以只要再给酵母菌一点时间和一定的温度（比如，用蒸笼蒸一下），面团就会再度膨胀起来。

（1） 饺子皮面团

配比：每 100 克面粉，配 50~55 毫升水

　　将面粉和水都放入大碗中，用筷子画圈搅拌，直到水完全融进面粉中。这时再用手将疙瘩和面粉捏合成团，可以很好地防止手上沾太多面糊。

　　等到碗里的疙瘩形成一个大团的时候，就可以全部倒出来，在案板上揉面。揉面的基本方法是用手掌根向下及向前推压面团，推开后再折叠起来，继续推压。揉一段时间后，面团变得均匀，看不见干粉。再揉一会儿，就不会粘手也不会粘案板。等到面团表面光滑没有疙瘩，捏起来富有弹性时就揉好了。用保鲜膜将面团包裹起来，在室温下放置 30 分钟或更长时间，就是"醒面"。"醒"完后饺子皮面团就做好了。

（2） 面条

配比：每 100 克面粉中加入 35~60 毫升水，1 克盐

　　面条的种类不一样，水分含量也不一样。以 100 克面粉为例，刀削面的面团偏硬，水要尽量少放，保持在 35~40 毫升；手擀面

的面团稍软，水量可以在 40~45 毫升；扯面、抻面可以用 50~55
毫升水；拉条子的水在 55~60 毫升。

　　水分太少和太多的面团揉起来都比较困难，可以通过长时间
醒面，甚至放冰箱过夜的方式来解决。将面团揉到均匀无干粉的
状态，包保鲜膜静置几小时即可做面条。

（3）馒头、包子皮

配比：每 100 克面粉，配 45~55 毫升水，1~1.5 克干酵母

　　做馒头要少放点水，做包子要多放点水。夏天可以少放些酵
母，冬天温度低，酵母可多放一些。

　　揉面的方法与其他面团一致。揉好后放入大碗内，碗口盖保
鲜膜，在温暖的地方静置 1~2 小时，等到面团发胀到 2 倍大后，
取出再揉几下，就可以切馒头或包包子。

　　馒头或者包子在开火蒸之前还需要醒发一次，大约 15~20 分
钟，等个头明显变大即可。

（4）黄油饼干

配比：黄油 200 克，砂糖 80 克，盐 3 克，香草荚 1 根，低筋面粉 300 克

使黄油在室温下充分软化，加入砂糖、盐和香草荚的籽，用打蛋器打发到颜色发白，筛入低筋粉，用刮刀搅拌均匀即可。

这是最基础的黄油饼干面团，可以加果干或是香草碎丰富口味。然后冷冻切片，或者擀开后切成你想要的形状。

（5）派皮

配比：黄油75克，糖粉60克，低筋粉150克，鸡蛋液25克，香草荚半根

使黄油在室温下软化，加入糖粉和香草荚的籽用打蛋器打到发白，分2次加入鸡蛋液，每次都用打蛋器打到充分融合。最后加入低筋粉，用掌根揉成面团，冷藏待用。

取出在室温下回温5~10分钟，就可以用擀面杖擀派皮了。

（6）吐司面包

配比：高筋粉250克，砂糖25克，鸡蛋1个，牛奶120克，干酵母2.5克，黄油25克

将上述除黄油之外的所有材料放在大碗内，揉成光滑的面团。等到面团可以拉出薄膜后加入黄油，慢慢揉到黄油吸收。等面团可以拉出坚固的大片薄膜时，吐司面团就揉好了。

面包的面团比较湿软，揉起来需要极大的耐心。含水量较大的面团，不能再用"推压"的方法揉，可以用"摔打"的方式来揉。用手抓住面团：用力向案板甩去，让面团形成长条，然后将两头折叠，继续摔在案板上，直到完成为止。

面包对于面筋网的牢固程度要求较高，所以需要检查薄膜来确认面筋的状态。取一小块面团，用手指将它扯成大片，观察形成的薄膜与破洞。一开始是无法形成薄膜的，一扯就破。揉到中间会发现可以拉出一片薄膜来，但还是非常脆弱，容易破，此时就可以加入黄油。最终完成后可以扯出大片半透明的薄膜来，用手指轻戳薄膜，有弹性，不会破，这才是揉好的标志。

（7）比萨饼底

配比：酵母 3.5 克，温水 163 毫升，高筋面粉 250 克，盐 1/2 茶匙

将所有材料一起揉成光滑面团即可。

比萨饼底面团比面包的简单许多，并且不需要严格检查薄膜状态，表面光滑即可。

（8）千层酥皮、中式酥皮

在基础面团中包入擀成薄片的黄油，并且一再重复"擀薄－折叠"的过程，最终就会形成薄面团和薄黄油层层叠叠摞起来的特殊效果，这就叫千层酥皮。

当千层酥皮在高温下烤制时，黄油中的水分会蒸发，形成蒸汽顶开面皮，而油脂会让面皮变得又香又酥脆，最后就会变成无数个薄脆面片摞在一起的效果，一口咬下去酥脆可口，满嘴留香。

千层酥皮通常出现在葡式蛋挞的挞皮中或酥皮蘑菇汤上，拿破仑蛋糕的酥皮也是它。市面上可以购买到的蛋挞皮，也是千层酥皮的一种。

中式酥皮与千层酥皮有点类似，中式酥皮是由基础面团（水油皮）包裹猪油面团（油酥皮），再经过擀薄、折叠形成。中式酥皮相对于千层酥皮来说要简单一些，因为千层酥皮要在特定的温度下保持黄油的性状才能做到充分擀开，而中式酥皮中的油酥因为含有面粉，状态稳定，难度降低不少。中式酥皮通常出现在中式糕点中，如鲜花饼、蛋黄酥、鲜肉月饼等。

烘焙工具

手动打蛋器

手动打蛋器多用来进行基础的搅拌工作，在烘焙和西餐里都很常见。比如，本书中出现的"打散鸡蛋""打发奶油"，都可以用手动打蛋器完成。

电动打蛋器

电动打蛋器功率大，相比手动打蛋器，一般用于对打发程度有要求的时候。比如，打发蛋白或蛋黄。如第五章中的"抹茶冰激凌""法式甜奶酱巧克力慕斯"的制作过程都用到了它。

面粉筛

使用面粉、糖粉、淀粉等粉类食材前，都需要先用面粉筛一下。除了能让粉类使用前更精细，还能筛掉杂质。具体用法可参考第五章"英式司康"。

硅胶刮刀

硅胶刮刀耐高温、易清洗，且不易粘，通常用来进行翻拌。在需要加热的甜点食谱中，硅胶刮刀也起到铲刀的作用。本书第五章甜点食谱的翻拌动作，基本都是由硅胶刮刀完成的。

小刷子

小刷子，通常用来给烤物表面均匀涂油，或是在烤物放入烤箱前刷蛋液用。比如，在"英式司康"入烤箱前刷蛋液，在"烤肋排"进烤箱前刷酱汁。

不锈钢刮刀

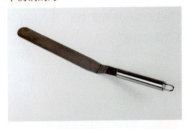

刮刀能起到美化食物表面的作用，有一定柔韧性，常用来磨平奶油或慕斯表面。

量勺

食谱中经常会出现"1/2 茶匙""1/3 汤匙""一杯"这样的量词，直接使用量勺和量杯可以减少换算的麻烦。

刨丝器

获取柑橘类水果外皮碎和为芝士刨丝的方便利器。"洛林乳蛋饼""美式比萨"食谱中都是用它为奶酪刨丝。

电子秤

用来精确称各种原材料，是制作面点烘焙的必需品，精确度越高越好。

擀面杖

擀面杖可帮助延展和擀匀面团，也可以用来碾碎坚果。具体用法可参考本书"英式司康""美式比萨""三文鱼牛油果塔可饼"的做法。

第二章

最常见的家常菜，
如何做出
惊艳众人的味道

土生土长的中国人，都是被家常菜喂养大的。

小时候在家吃妈妈做的番茄炒蛋，上大学在外地，去食堂也要吃。到餐厅不知道点什么，来一盘番茄炒蛋总不会错。

中国菜的烹饪技巧丰富，有炒、炖、爆、炸、焖、烧等十八般武艺，因为变化多端，所以百吃不腻。曾为宫廷菜的宫保鸡丁、驰名中外的麻婆豆腐、远渡重洋的鸡丝凉面……家常菜听起来最简单，却也是各个菜系的根本。

我们通过一些大大小小的调查，从这些温暖美味的料理中找出了最受欢迎的 12 道菜。这些菜来自大江南北、酸甜咸辣皆有。中式餐饭讲究汤、菜、主食齐全，快手出锅的炒菜、暖胃饱腹的汤菜、香酥可口的炸菜……这本书里有的，不只是家常菜的详尽做法，还有容易被忽略的细节：一道菜好吃的关键、根据自己口味可调节的变量和用相似方法可做的衍生食谱。

本章既有技巧，也有灵感，让你亲自下厨时不会"提笔忘字"。

番茄炒鸡蛋：
到底哪个流派最好吃？

场合 / 正餐·主食　　**用时** / 15 分钟

　　番茄炒鸡蛋是一道新手入门菜，因为其原料购买方便，而且不需要特殊的刀工技巧。最重要的是，就算烹煮过程中出现了小失误，最后的味道也不会太差，能极大地提升下厨者的信心。

　　番茄炒鸡蛋在全国各地，乃至各家各户，都有不同的风味和做法：从"甜党""咸党"之争，到先炒蛋还是先炒番茄；从番茄要不要去皮，到加小葱还是加蒜末。在这里，我们只介绍最基本的一种做法，你可以根据自己的喜好和习惯来调整，不必追求完全一致，毕竟做饭最重要的是合自己的胃口。

主料 ——
○番茄 2 个　○鸡蛋 3 个

调味料 ——
○葱 1 根　○姜 2 克　○蒜 1 瓣（可选）　○油 4 汤匙
○盐 1/2 茶匙　○糖 1/2 茶匙　○番茄酱 1 茶匙（可选）

① 鸡蛋打入碗里，用筷子搅散，加 1/4 茶匙的盐入味。

② 葱切成小段或是葱花，姜、蒜切片。

③ 洗干净番茄，然后切瓣（先横切去除根蒂，再切瓣）。

④ 3 汤匙油倒入冷锅中，开中火烧热，然后放鸡蛋，炒散呈大块，取出待用。

⑤ 锅里倒入 1 汤匙油，放姜爆香，然后放入番茄块炒 1 分钟，再放入炒好的鸡蛋。

⑥ 加盐和少许糖，关火，加入葱花翻炒，如果想加番茄酱和蒜，此时可加进去。

① **炒出大块鸡蛋**

　　放入打散的鸡蛋后，先不用动，等凝结了再用铲刀铲开，这样鸡蛋块比较大。

② **让番茄汁的味道与鸡蛋融合**

　　番茄下锅翻炒后，别急着放鸡蛋，先耐心炒 1 分钟至番茄变软，才能将味道释放出来。

③ **做出"对味"的番茄炒蛋**

　　番茄炒蛋的派系太多，口味各有千秋。想做出最对自己胃口的一款，方法很简单：多做几次。试着用控制变量的方式对每次的烹饪方法进行改进。番茄酱、糖、蒜、葱、姜在这道菜里都是可有可无的食材。试着搭配出你最喜欢的组合吧！

一枚蛋的学问

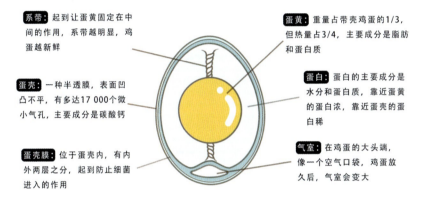

系带：起到让蛋黄固定在中间的作用，系带越明显，鸡蛋越新鲜

蛋壳：一种半透膜，表面凹凸不平，有多达17 000个微小气孔，主要成分是碳酸钙

蛋壳膜：位于蛋壳内，有内外两层之分，起到防止细菌进入的作用

蛋黄：重量占带壳鸡蛋的1/3，但热量占3/4，主要成分是脂肪和蛋白质

蛋白：蛋白的主要成分是水分和蛋白质，靠近蛋黄的蛋白浓，靠近蛋壳的蛋白稀

气室：在鸡蛋的大头端，像一个空气口袋，鸡蛋放久后，气室会变大

认识一枚鸡蛋

　　鸡蛋的营养价值很高，是最廉价、最便利，也是消化率最高的蛋白质来源。每 100 克鸡蛋中，约含 12.6 克蛋白质；食用一枚鸡蛋所摄入的蛋白质与饮用 200 克牛奶相当。除此之外，鸡蛋还富含脂肪（以不饱和脂肪酸为主）、胆固醇、氨基酸和人体所需的重要微量元素。

形形色色的蛋

　　蛋是鸟类、爬行动物及两栖动物所产的卵。市面上有形形色色供我们选购的蛋类食材，如各种鲜鸡蛋、鹌鹑蛋、鸭蛋、鹅蛋，以及其加工制品。

鹅蛋　　鸭蛋　　松花蛋　　土鸡蛋　　鸡蛋　　乌鸡蛋　　鹌鹑蛋

鹌鹑蛋

　　鹌鹑蛋，个头很小，一颗的重量在 10 克左右。鹌鹑蛋营养价值不输鸡蛋，但价格更加昂贵。鹌鹑蛋很少作为日常饮食，多见于日式鸡蛋寿司、街头烧烤、美式汉堡加料等小吃中。现在市面上所售卖的鹌鹑蛋大多是卤制好的，存放时间比新鲜生蛋短，一般在冷藏条件下最好不要超过 3 天。

鸭蛋

　　在几种蛋食材中，鸭蛋出现的频率仅次于鸡蛋。相比鸡蛋的营养含量，鸭蛋含有更多的脂肪，所以尽管大部分鸡蛋食谱都适用于鸭蛋，但做出来的效果还是不太一样的。以前有说法认为，鸭易感染沙门氏菌并传染到鸭蛋内，但实际上并没有数据表明食用鸭蛋更加危险。不过安全起见，无论是生鸭蛋还是腌好的咸鸭蛋，都要尽量多煮一会儿，需要10~15 分钟。

松花蛋

松花蛋又称皮蛋，是主要以鸭蛋为原料的蛋类加工制品，外观透亮黝黑，有着美丽的花纹，食用起来有较明显的氨气的味道。松花蛋多为密陀僧、桑木灰、盐等腌制而成，因为含铅，不宜多吃。

鹅蛋

鹅蛋是常见蛋中最昂贵的一种，每 500 克 7~9 元，2 只鹅蛋大概就有 500 克。鹅蛋的个头很大，是鸡蛋的 5 倍左右，胆固醇、脂肪的含量也比鸡蛋高。就蛋黄占全蛋的比例来说，鸡蛋一般蛋黄占 1/3，但鹅蛋可以达到 1/2，因而鹅蛋的卵磷脂含量也更高。鹅蛋不宜多吃，一天吃 1 个足够，多了会对内脏造成损伤。

乌鸡蛋

市场上所见的绿壳鸡蛋，一般都是乌鸡蛋。与普通鸡蛋相比，绿壳乌鸡蛋所含硒、蛋白质更多，脂肪、胆固醇更少，一般被认为具有滋补和保健的作用。乌鸡蛋由于产量少，价格比较昂贵。

土鸡蛋（柴鸡蛋、笨鸡蛋）

土鸡蛋也称柴鸡蛋或笨鸡蛋，产自散养的土鸡。由于散养成本高，资源稀少，所以土鸡蛋的价格一般要高于普通鸡蛋。但是购买鸡蛋时，不可盲目选择土鸡蛋，一是因为两种蛋的营养价值没有显著差异，二是因为土鸡蛋的生产规范可能不如普通正规化生产的鸡蛋。如果要购买，建议去值得信赖的场所购买。

　　购买鸡蛋时，我们会发现蛋壳的颜色不太一样，这是由产蛋的母鸡所带色素决定的，并不影响鸡蛋质量。选购鸡蛋时，除了挑新鲜日期，还可以用这 4 种方法判断：

① 将鸡蛋打散至盘中，新鲜的鸡蛋的蛋黄是饱满的，不够新鲜的鸡蛋的蛋黄会比较干瘪；

② 手持鸡蛋晃动，如果感觉不到蛋液的流动，而是一个整体，说明蛋是新鲜的；

③ 将鸡蛋泡在大碗水（或 10% 盐水）中，新鲜鸡蛋会下沉，不够新鲜的鸡蛋会倾斜或浮起来；

④ 将鸡蛋对着光源，如果里面是清晰半透亮的则新鲜，如果能看到灰暗的斑点则不够新鲜。

　　虽然超市里的鸡蛋是常温摆放，我们还是习惯买回以后放入冰箱。冷藏保存鸡蛋，尽管理论上有细菌感染其他食材的可能，但能够延长鸡蛋的保鲜时间。鸡蛋储存时，要注意不需要事先清洗，否则会破坏保护鸡蛋的皮层。另外，注意尖头朝下、带气室的大头朝上，不要横放，以稳固蛋黄的位置，避免蛋黄漂浮到上方，一打就散。

　　鸡蛋在烹饪中的应用非常广泛，除了通过蒸、煮、炒、煎自己成菜，还是很多菜肴中增色的配角。在处理和使用鸡蛋时，需要注意：触摸过生鸡蛋后要及时洗手，不要直接碰触其他生鲜，避免细菌感染。另外，不要提前过久将鸡蛋打出来准备，尽量等到要下锅炒之前再打出来，避免鸡蛋失去弹性，影响口感。

衍生食谱

鸡蛋料理

① 你真的会煮鸡蛋吗？

做法 将鸡蛋放入冷水中，中火加热，水沸腾后分别再煮 3.5~4 分钟、4.5~5 分钟、8 分钟。（根据鸡蛋大小和锅的大小不同，时间需要灵活调整。）

3.5~4 分钟　　　　4.5~5 分钟　　　　8 分钟

② 两种流心鸡蛋的做法

太阳蛋

食材

○ 鸡蛋 1 个

○ 油 1 大勺

○ 盐、黑胡椒 少许

○ 清水 1 大勺

做法

① 锅中放油，调至中火，打入鸡蛋。

② 鸡蛋底部凝固后，倒入 1 大勺清水，迅速盖上锅盖，小火焖 1 分钟左右，然后以盐、黑胡椒调味。

水波蛋

食材

○ 鸡蛋 1 个
○ 白醋 2 大勺

做法

① 在水中放入 2 大勺白醋，煮开。将鸡蛋打开放在一个小碗里。

② 醋水煮开后转小火，水面要平静。用一根筷子沿锅边搅拌，让水形成漩涡，将鸡蛋贴着水面滑入漩涡中心（漩涡中心比较稳定，鸡蛋不会拉出蛋花丝），继续用小火加热 2.5 分钟左右（根据鸡蛋大小灵活调整），用漏勺捞出存放在温水里。

③ 鸡蛋的华丽变身

日式厚蛋烧

食材

○ 鸡蛋 3 个
○ 高汤 20 毫升
○ 生抽 10 毫升
○ 糖 2 小勺
○ 油 1 大勺

做法

① 将鸡蛋、高汤、生抽、糖打散，把厚蛋烧方锅加热，刷一层油，用厨房纸擦匀。

② 倒入 1/3 的蛋液，保持小火均匀加热，等蛋液基本凝固时，用刮刀辅助将蛋皮从一侧开始卷，卷完后推到另一侧。

③ 再倒入 1/3 的蛋液，与上一步方法相同。最后 1/3 的蛋液的处理也是一样。全部卷完后，将蛋卷四边压制成方形，并煎到表面微黄，取出切段即可。

英式炒鸡蛋

食材

○ 鸡蛋 3 个
○ 盐 1 小勺
○ 糖 1/2 小勺
○ 黄油 10 克

做法

① 将鸡蛋在碗中打散，加盐、糖。
② 在锅中用小火将黄油融化，然后放入鸡蛋，持续用铲刀来回搅拌，让鸡蛋形成散状小块，可以搭配煎好的吐司食用。

糖醋排骨：
所有"硬菜"中最易上手的一道

场合 / 正餐·主食　　**用时** / 60分钟

如果你跟别人说"我会做番茄炒鸡蛋",别人会认为你八成是个新手,只会做一道菜;而如果你说"我会做糖醋排骨",那你在别人眼中的段位一下子就高了起来。

糖醋排骨就是这么一道神奇的菜,虽然并没有什么特殊的技法,但要将它做得好吃,则需要你对肉的熟度、火候、调料的比例都有一定的掌控能力。这些都不难,你需要的只是耐心和细心。

糖醋排骨也有很多种做法,有放酱油的、放番茄酱的、放梅子的等,选自己喜欢的就好。

主料 ——
○猪小排 500 克

调味料 ——
○姜 2 片　○蒜 3 片　○油 2 汤匙　○料酒 2 汤匙
○米醋 3 汤匙　○糖 3 汤匙　○生抽 3 汤匙
○老抽 1.5 汤匙　○熟白芝麻 1 克

做法

① 将排骨放入清水中，抓洗后冲干净，去除表面血水，然后滤掉水分。

② 凉锅中放油，烧热后放姜、蒜爆香，然后放排骨炒至变白。

③ 在锅中放入料酒、生抽、米醋、白糖、老抽。

④ 翻炒后倒入清水，没过排骨。
水烧开后，盖上锅盖，中小
火焖煮45分钟左右（之后尝
尝味道，可以在此时增补糖
和白醋）。

⑤ 肉软烂后，开大火收汁至浓稠，
翻动防止糊锅。

⑥ 临出锅前撒上熟白芝麻。

美味秘诀

① **如何选购排骨**

这道糖醋排骨选用的是"猪小排"部位，骨、肉、软骨相连，肥瘦相间且以瘦肉为主。挑选时，要从肉的颜色、质感、气味去分辨：肉颜色呈鲜红色，质感为手指按压能马上弹回，气味无腥膻。

② **让排骨更酥软**

翻炒排骨时，可以煎久一点儿，这样肉更容易酥嫩、入味。不要心急，否则肉会太硬。

③ **收汁到浓稠**

炖煮的时候用小火，是为了肉能充分炖至软烂；收尾时以大火收汁，是为了锁住味道，并蒸发掉不必要的水分，让成色更好。判断汤汁是否达到理想状态的方法是：轻轻摆动炒锅，汤汁能紧紧地跟着肉流动；也可以直接关火，等表面的泡泡消掉，肉眼判断汤汁浓缩的程度。

猪肉常见部位区分及做法

猪肉分解图

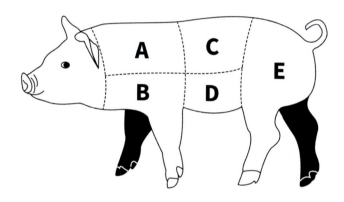

A 肩胛： 颈肉、大排、梅花肉

B 前腿： 前腿肉、肘、蹄

C 脊背： 里脊、外脊

D 腹肋： 五花、肋排

E 后腿： 臀肉、蹄

肩胛

在挑选排骨时，经常会有"大排""小排"之分，大排指的就是肩胛部位的排骨，肉比较紧实，骨偏长，没有软骨；小排位于"腹肋"部位，后面会讲到。

猪颈肉的肉质较老，外表呈深红色，不太适合炒菜，更适宜烧烤或做馅儿。

梅花肉（如下图）靠近上肩，肉质更为细嫩，市场上常见的是已经切好的、肥瘦相间的圆形片状，可直接拿来煎烤。

前腿

猪前腿肉肥瘦相间，但整体来说偏瘦，适合炒菜。

猪肘和猪蹄的做法比较烦琐，如果食材是生的，要先清除杂毛，然后进行处理。如果不切开，就比较难熟，烹饪也比较费时，如酱肘子、烤肘子、酱猪蹄、烤猪蹄。但是如果切成小块，则更适合家常烹饪，红烧也好，炖汤也好，味道都非常香浓。

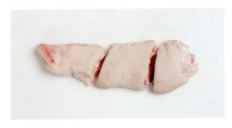

脊背

猪里脊是猪身上最鲜嫩的部位，肉质紧密有弹性，是炒菜首选。猪外脊也称通脊（因贯穿脊背而得名），和里脊类似，也是以瘦肉为主，同样适合炒菜或油炸。

腹肋

相比牛肉和羊肉，猪肉最大的特点就是油脂厚且多。比如，腹肋部分的五花肉，因为富含油脂，所以吃起来比较香。

五花肉可以整块烤来吃，其油脂可以形成脆皮；也可以切块红烧或是切片炒菜。炒五花肉时，可以不用放油，而是先放一点儿水进行水煎，随着水分蒸发，肉逐渐变熟，油脂也会被煎出来。

另外，我们常用来做糖醋排骨、红烧排骨等的"猪小排（如下图）"也取自这里。由于带有白色软骨，口感比较特殊，但需要较长时间烹饪。

后腿

在选购猪蹄时，我们一般选择前蹄而非后蹄。虽然后蹄看起来比较大，但是多为骨头，不如前蹄肉厚实，而且后蹄还有很多的肉筋，因而后蹄也更便宜。

猪臀肉（如下图）也以瘦肉为主，可以作为里脊和外脊的替代品，适合炒、爆、溜、炸等烹饪方式。

红烧肉：
集百家之长的做法

场合 / 正餐·主食 **用时** / 50 分钟

红烧肉颜色鲜亮，肥而不腻，是极佳的下饭菜。

但说起做法，红烧肉的流派之争也非常复杂：上海菜讲究浓油赤酱，所以上海的红烧肉会放大量的酱油，成品颜色较深，不像红色而更偏黑色；江浙一带做菜偏甜，会在红烧肉里放大量的糖，更有著名的"东坡肉"，特点是肉的块头特别大；江西的红烧肉会加入米酒和少量辣椒，还要与笋干一同炖煮，有独特的香味；湖南的红烧肉里加的是干豆角，因毛主席的爱好而名扬天下，但有传说认为最正宗的"毛氏红烧肉"是不用酱油，纯用焦糖上色的……

我们这里的红烧肉也是集百家之长的基础做法，在此之上你可以稍作调整，也可以在第 5 步中加入干豆角、笋干、土豆等一起炖煮。

食材

主料 ——
○ 猪五花 300 克

调味料 ——
○ 葱 2 根　○ 姜 2 片　○ 油 10 毫升　○ 冰糖 40 克
○ 老抽 1.5 汤匙　○ 生抽 1 汤匙　○ 料酒 1 汤匙
○ 八角 1 个　○ 香叶 1 片　○ 桂皮 3 克

① 猪五花和葱、姜凉水下锅焯水，变色后捞出洗净，切成 2.5 厘米见方的小块。

② 锅中放油，煸香姜片，然后下肉块，炒至各面均上焦色，取出控油。

③ 锅中放冰糖，中小火持续翻炒至融化且稍微冒泡时，放入肉块，小火"炒糖色"。

④ 锅中放老抽、生抽、料酒，并加开水没过肉，大火烧开后转小火。

⑤ 加香叶、八角、桂皮，小火焖煮半小时。

⑥ 肉变软后（筷子能轻易插进去），大火收汤。

① 正确给五花肉焯水

制作红烧肉时，需冷水下锅，与葱、姜一起焯水，至外表变白即可。焯水除了去腥味、去血水，还能帮助定形，所以应将整条五花肉一起焯水，捞出后再切块。

② 根据肉汤的状态掌握进度

制作红烧类食谱，加水后一般都需经过三个步骤来入味：第一步是倒入水后等待烧开；第二步是调小火，盖上锅盖，让肉汤保持微沸、冒小泡泡的状态焖半小时或更久；第三步是肉软烂后，大火收汁，至汤汁能够包裹着肉，且在手轻轻晃动锅的时候，汤汁能紧紧跟随食材移动。

麻婆豆腐：
下饭最夯法宝

场合 / 正餐 · 主食　　　**用时** / 20 分钟

　　麻婆豆腐是川菜的代表之一，相传是在清朝同治年间，由成都一家小饭铺的老板娘陈麻婆发明的，所以叫"陈麻婆豆腐"。后来这道菜传播甚广，"陈"字渐渐消失，就变成了"麻婆豆腐"。

　　最早的麻婆豆腐是用牛肉末制作的，我们自己制作时不必拘泥，猪肉牛肉都可以。

　　麻婆豆腐中花椒粉的作用不可小觑，能带来独特的香味，不可省略。

主料 ——
○北豆腐 300 克　○猪肉末 100 克　○青蒜 1 根

调味料 ——
○辣椒粉 5 克　○花椒粉 5 克　○豆瓣酱 1 汤匙　○油 3 汤匙
○盐 2 克　○糖 2 克　○淀粉 15 克

做法

① 豆腐焯水。豆腐切成 2 立方厘米的小块，倒入热水，加
　2 克盐。（此步骤是为了去豆腥，南豆腐可不焯水，北
　豆腐要焯水。）

② 青蒜切碎待用。

③ 锅中热油，放豆瓣酱，炒香出
　红油，放入猪肉末，炒至金黄。

④ 加入所有的辣椒粉、一半花
　椒粉和清水 200 毫升。

⑤ 加盐、糖调味，待水烧开后，
　将豆腐放入锅中。

⑥ 调 1 碗水淀粉：15 克淀粉 +30 毫升水，准备勾芡汁。

⑦ 豆腐小火烧 5 分钟后，锅拿起离火，撒一圈芡汁后，摇晃一下锅后放在火上，再烧 1 分钟（轻轻晃动，防止淀粉糊锅）。

⑧ 出锅，放青蒜碎、撒剩下的花椒粉点缀。

① **不破坏豆腐的完美造型**

很多人做这道菜时，豆腐切成精致小块下锅，翻炒后却碎得不成样子。想不破坏豆腐的完美造型，切记不能翻豆腐，想调味均匀，可以拿锅稍微晃一晃。

② **南北豆腐的选择**

在麻婆豆腐的常规做法中，南北豆腐均可作为食材，北豆腐更香，南豆腐更嫩。对于新手来说，建议从北豆腐试起，更易操作。

市面上常见的南豆腐（嫩豆腐）、北豆腐（老豆腐）和内酯豆腐，区别在于所用的凝固剂不同。南豆腐以食用石膏粉做凝固剂，北豆腐用盐卤，内酯豆腐用内酯，因此不同的豆腐存在口感与做法上的差异。南豆腐更软，适合蒸或做汤；北豆腐有韧劲儿，适合焖、炒、煎；内酯豆腐最为嫩滑，适合凉拌生吃。

"千娇百媚"的豆腐料理

轻盈爽口的皮蛋豆腐

食材

○ 内酯豆腐 1 块

○ 皮蛋 2 个（切瓣）

○ 青、红尖椒 各半根（切碎）

○ 大蒜 3 瓣（切末）

○ 生抽 2 大勺

○ 醋 1 大勺

○ 蚝油 1 小勺

○ 糖 1 小勺

做法

① 将备好的青红椒碎、蒜末和调味料混匀。

② 在内酯豆腐的盒子底部四角各戳一个口通气，再倒扣在盘中，可以保持形状完整。加上调味汁和皮蛋即可。

温暖饱腹的韩式大酱汤

食材

- ○ 牛里脊 100 克（切条）
- ○ 洋葱 1/4 个（切丝）
- ○ 北豆腐 半块（切丁）
- ○ 西葫芦 半个（切片）
- ○ 土豆 半个（切片）
- ○ 金针菇 50 克
- ○ 豆芽 100 克
- ○ 淘米水 500 毫升（或用 500 毫升水加一小勺淀粉代替）
- ○ 韩国大酱 3 大勺
- ○ 韩国辣酱 2 大勺
- ○ 油 2 大勺

做法

① 先将牛肉和洋葱炒至上色，取出待用。
② 将淘米水、大酱、辣酱上锅加热混匀，倒入蔬菜和牛肉煮熟。

唇齿留香的豆花牛肉

食材

- ○ 内酯豆腐 1 块（切丁）
- ○ 牛里脊 200 克（切片）
- ○ 榨菜 1 大勺（切碎）
- ○ 豆瓣酱 2 大勺
- ○ 姜、蒜末 各 1 小勺
- ○ 生抽 1 小勺
- ○ 糖 1 小勺
- ○ 花椒 1 小勺
- ○ 小葱 2 根（切葱花）
- ○ 淀粉 10 克（调成水淀粉）
- ○ 油 1 大勺

做法

① 把内酯豆腐放盘中，上锅蒸 5 分钟。

② 将豆瓣酱稍微切碎，和花椒、姜蒜末一起炒出红油，加入花椒、糖、生抽和一碗清水，煮沸后过滤留红汤。

③ 将汤再次烧热，放牛肉煮熟，放榨菜碎、葱花，再以水淀粉勾芡，最后倒在豆腐上即可。

葱炮羊肉：
快手午餐错不了

场合 / 正餐·主食　　**用时** / 20 分钟

　　说起北京的羊肉，很多人的第一反应就是铜锅涮羊肉，薄薄的羊肉片在开水中烫一下，蘸上韭菜花和芝麻酱，好吃又驱寒。然而除了涮，老北京的烤肉也是一绝，一般叫作"炙子烤肉"。炙子是带有纹路的薄铁板，在炭火上烧热后，将腌制过的羊肉片、大葱、香菜等一同倒在炙子上快速烤熟。羊肉的色香味配上吱吱作响的炙子，可谓视听盛宴。

　　有人认为"葱炮羊肉"就是炙子烤肉的家常版本，口味类似，原料相同，操作上倒是简单了很多。不方便吃炙子烤肉的，可以试试在家制作葱炮羊肉。

主料 ——
○羊腿肉或里脊 400 克　○大葱 1 根

调味料 ——
○蒜瓣 2 个　○生姜 2 片　○白胡椒粉 3 克　○生抽 20 毫升
○淀粉 10 克　○白砂糖 1 茶匙　○香油 1 茶匙　○盐 2 克
○料酒 15 毫升　○香醋 2 毫升　○油 适量　○孜然粒 少许

做法

① 洗菜容器中放水，水中放几片姜，将洗净的羊肉浸泡片刻，起到去腥、去血水的作用。

② 羊肉沥干水后，横着纹路切成薄片。

③ 羊肉片放入碗中，加入白胡椒粉、生抽、淀粉拌匀，再加入香油。

④ 蒜瓣切碎，大葱去根去皮、斜切厚片。

⑤ 锅中放入适量的植物油，中火加热。待油烧至七成热时，将腌制好的羊肉片放入锅中，快速翻炒至羊肉断生，立刻捞出，沥干油备用。将锅中剩余的油烧热，然后加入蒜和大葱爆香。

⑥ 接着放入羊肉片，再放入白砂糖、料酒、香醋和盐，撒上孜然粒，大火翻炒几下即可出锅。

美味秘诀

① **让羊肉更加嫩滑**

　　完成上文"做法3"中羊肉片腌制后，可以封油静置15分钟，这样能锁住羊肉内的水分，炒出来的羊肉会更嫩。

② **切出符合期待的肉片**

　　横着切肉片。

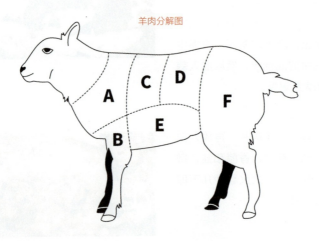

补充知识

羊肉常见部位区分及做法

羊肉分解图

A 肩胛： 羊颈肉、羊肩肉

B 前腿： 法式羊前腱、前腿肉

C 肋脊： 法式羊排

D 腰部： 羊 T 骨、里脊、外脊

E 胸腹： 胸腹肉

F 后腿： 后腿腱

肩胛

羊颈肉（如下图）的肌肉和筋膜都比较多，适合剁馅儿做丸子或是包饺子。

羊肩肉比羊颈肉细嫩，一般分为带骨肉和纯肉，适合煎烤和炖焖。

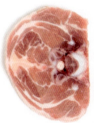

前腿

羊肉是西餐的主要肉类主食，市场上能买到的切分羊肉也偏法式，比如位于前腿部位的法式羊前腱。常见做法是用迷迭香等香草烤制。

羊前腿肉除了可以直接拿来烤，也可以取腿肉单独烹饪。由于平时运动较多，羊前腿肉质比较紧，有一定的筋膜，适合酱着吃。

肋脊

　　羊肋脊最常见的售卖方式是法式羊排。按照一扇排骨上骨头数量区分，可以分为单排、四肋羊排、七肋羊排、十二肋羊排等，你可以按照自己喜欢的烹饪方式进行选择。羊单排（如下图）烹饪起来比较简单，能直接煎熟。至于多肋的羊排，想要整体烹饪，最优的办法就是放入烤箱里整体烤，然后再切分。

腰部

　　羊腰部常见的产品是切片的羊 T 骨排，整体呈三角形，中间有骨头贯穿，以瘦肉为主。此部位适宜的做法也是煎烤。

　　里脊和外脊也可归于此部位，和牛肉、猪肉的脊肉一样，是最为珍贵的嫩肉，无论是炒菜，还是烧、扒，都较容易入味。

胸腹

　　羊的胸腹肉通常也叫羊腩，肥瘦相间，肉质较厚，烹饪用时比较久。肉的滋味比较浓郁，适合用来红焖，或是炖煮。

后腿

　　这里的后腿也包括了羊臀肉。后腿和前腿类似，除了作为整体，也可以单拿出腱子肉，做法也与前腿类似。

　　羊臀肉的命名方式也和猪肉类似，比如有霖肉、黄瓜条，以瘦肉为主，除了煎、烤、炸、扒，作为火锅涮肉也很美味。

萝卜炖羊肉：
一个人的晚餐，也要暖暖的

场合 / 正餐·主食　　**用时** / 40 分钟

　　萝卜炖羊肉虽然是一道北方菜，但在做法上与南方的"煲汤"类似，可以总结为一定的"公式"：

　　1. 肉类切大块，洗净（或泡水）；

　　2. 将肉与冷水一起煮开，这一步叫作"飞水"，是为了去除血沫和一些腥膻味；

　　3. 另取一锅清水，将"飞水"后的肉与配料放一起，大火煮开（如果配料中有像萝卜这样容易煮烂的食材，则延后时间再放）；

　　4. 转小火，慢炖至少 1.5 小时；

　　5. 最后放盐，如果有枸杞、葱花等也是最后再放；

　　记住这个公式，就可以方便地炖出很多汤了。

主料 ——

○羊排（或羊腩）600 克　　○白萝卜 1 根

调味料 ——

○花椒 10 颗　　○料酒 1 大勺　　○生姜 20 克　　○枸杞 10 颗
○盐 4 克　　○香菜或青蒜 2 根　　○白胡椒粉 2 小勺

① 将食材准备好，羊排剁成块，在水中浸泡 1 小时，中途换 2~3 次水。

② 锅内倒入冷水，加入羊排、花椒、料酒，中火加热将水烧开。羊肉变白后捞起，用水冲干净，去除血沫和膻味。

③ 汤锅内放入清水和姜片，烧开后放入焯好的羊排，大火煮开后转小火
慢炖约 1 小时 20 分钟。

④ 洗净白萝卜，去皮后切成均等的块状。

⑤ 羊肉炖得软烂后，加入白萝卜，煮约 20 分钟呈半透明状即可关火。撒些枸杞和香菜叶，以盐、白胡椒粉调味。

 把羊肉炖得软烂

　　除了本食谱使用的羊排，也可直接用羊腿肉或是羊腩肉做这道菜。因为羊排带骨，所以烹煮需要的时间更久，但也更香。将羊肉炖得软烂有三个要点：炖煮时间足够久、放足够多的水、盐要最后放。放足够多的水指的是加水时一次性多加一些，避免中途加水影响温度，让肉缩紧。盐最后放，除了能更准确地调味，也能避免因为其脱水使得肉质水分外渗，肉质变老。

荤素搭配的中式汤

玉米排骨汤

食材

○ 排骨 500 克
○ 玉米 1 根（切段）
○ 胡萝卜 1 根（切块）
○ 莲藕 半根（切块）
○ 姜片 3 片
○ 油 1 汤匙
○ 白醋 1 汤匙
○ 盐 3 克

做法

① 把排骨切成块状，入锅加冷水煮开，撇去浮沫，变色后捞出。

② 锅中放油，炒香姜片和排骨，然后加水，放入玉米、胡萝卜、莲藕、白醋一起煮，大火煮开后转小火，炖大约 1 小时。

③ 煮好后，撒少许盐即可出锅。

番茄牛腩汤

食材

- ○ 牛腩块 500 克
- ○ 番茄 4 个
- ○ 姜片 2 片
- ○ 料酒 2 汤匙
- ○ 生抽 2 汤匙
- ○ 蚝油 1 汤匙
- ○ 香叶 2 片
- ○ 盐 适量

做法

① 牛腩块倒入锅中，加冷水大火煮沸，撇去浮沫，盛出沥干。番茄用热水烫一下后去皮，然后将一半分量的番茄切碎，另一半切成块状。

② 锅中倒油，放姜片翻炒后倒入番茄碎，炒香。

③ 倒入适量清水，加入牛腩块、料酒、生抽、蚝油、香叶，大火煮开后转小火煮约 1 小时。

④ 放入番茄块，加盐调味，大火煮 10 分钟即可出锅。

黄豆猪蹄汤

食材

- ○ 猪蹄 1 个
- ○ 黄豆 50 克
- ○ 料酒 10 毫升
- ○ 大葱 10 克
- ○ 姜 5 克
- ○ 盐 2 克

做法

① 黄豆提前浸泡好，备用。猪蹄剁成块，焯水。

② 汤锅中放入猪蹄、黄豆、葱、姜和足量的清水，大火煮开后撇去浮沫，盖上锅盖，转小火炖煮约 2 个小时。

③ 用盐调味即可出锅。

酸菜鱼：
家庭聚餐热门菜

场合 / 正餐·主食　　**用时** / 40 分钟

　　知乎上有一个问题叫"酸菜鱼为什么这么火？"我认为，做酸菜鱼最重要的，就在于"酸"。

　　这个酸并不是醋或者柠檬汁带来的那种单一的酸味，而是来自酸菜、泡萝卜、泡姜、泡椒里的复合酸味，由乳酸菌将蔬菜发酵而产生的多种风味才是酸菜鱼的关键。

　　虽然说泡萝卜、泡姜可以用普通萝卜、普通姜加醋来代替，但如果能买到的话，还是用正宗的四川泡菜最好。

主料 ——
○鱼肉 350 克＋鱼骨 1 条　○芥菜酸菜 150 克
○泡萝卜 50 克（可用新鲜白萝卜代替）
○泡姜 50 克（可用普通姜代替）　○泡椒 30 克

调味料 – 面糊用 ——
○盐 1/2 茶匙　○胡椒粉 1/2 茶匙　○蛋清 1 个
○淀粉 5 克　○油 2 汤匙

调味料 – 汤用 ——
○盐 2 克　○胡椒粉 1 克　○糖 4 克

① 将鱼肉切成蝴蝶片，将盐、胡椒粉、蛋清、淀粉放入碗中打散，之后加入鱼肉，搅拌 1 分钟，腌制 10 分钟。

② 酸菜洗净切小段，泡萝卜、泡姜切薄片，泡椒切圈。

③ 热锅放油，炒泡萝卜、泡姜片、泡椒，出香味后盛出。

④ 鱼骨头炒至金黄，然后将辅料倒入一起炒，再加入酸菜（鱼肉的水分高于猪牛，容易爆油，需要小心）。

⑤ 在锅中倒入大约 1 升热开水，没过所有食材。大火煮 5 分钟，加盐、胡椒粉、糖调味（如果用的是新鲜萝卜和普通姜，此时可以加 10 毫升白醋调味）。

⑥ 将火调小，然后下鱼片推煮，变色后出锅。

① **鱼肉切片和保证完整**

　　直接买切好的鱼肉片是最便捷的方式。如果想自己切片，可以切成"蝴蝶片"，切法和茄盒有点类似。第一刀切口不切断，第二刀再切断，这样鱼肉片会更大些。为避免影响口感，鱼肉切好以后要再挑一遍刺。鱼肉下锅后，可轻轻用勺背推煮，避免散开。

② **煮出更白的鱼汤**

　　想煮出更白的鱼汤，就要先明白这背后的道理。鱼汤的奶白色其实是乳化后的脂肪微粒，充当乳化剂作用的是卵磷脂、明胶分子等蛋白质。所以，要想鱼汤更白，一般都会先煎鱼或鱼骨，以增加脂肪。加热开水大火煮沸，则可以更快地促进这一过程。

③ **泡萝卜、泡姜在哪买？**

　　这道食谱中用到的不常见的"泡萝卜""泡姜""四川酸菜"其实在网购商城很容易买到。网购食材单一包装的量都不少，所以如果买来一次用不完，要注意密封，避免气味污染冰箱。

补 充 知 识

常见水产品

　　下文的食材都叫"海鲜"并不十分准确，因为除了海里的东西，我国人民还十分喜爱淡水出产的鱼、虾、蟹等，因此以下统称"水产品"。

　　不同地区的人对于水产品的喜好和认知不同，产地和运输条件的限制是造成这种区别的重要原因，比如在内陆地区的市场里，常见海鱼可能只有带鱼、鲅鱼、黄花鱼几种；而在广东的市场里，单单石斑鱼就分成老虎斑、东星斑、龙趸等十余种。篇幅所限，我们只介绍常见且方便买到的水产品。

鱼

　　中国人吃鱼与欧美人有一个最大的不同：我们通常是整鱼上桌，而西餐中的鱼通常是一块已经去头、去尾、去刺的净鱼肉。所以在市场里，传统的鱼都是整条贩卖的，而近几年开始流行的进口鱼类，如三文鱼、金枪鱼、鳕鱼等，常常是已经切好的鱼块。如果买到了一整条的鱼，通常需要去鳞、去内脏才能下锅，新手可以在买鱼的时候让商贩帮忙处理。

　　购买淡水鱼的时候应尽量选择活鱼现杀，如果买不到鲜活的鱼，可以选择冰鲜鱼，冰鲜鱼的质量往往要比冷冻鱼好。冰鲜的意思是将活鱼在碎冰块中运输保存，购买后可以直接洗净蒸煮。冷冻则是将鱼整条冻住，买回来后要解冻才能蒸煮。挑选冰鲜鱼时以肉质紧实、有弹性、无异味为佳，新鲜度不佳的鱼往往肉质松散，鳞片一碰就掉，闻起来有浓重的腥臭味。

【常见淡水鱼】（括号里的是别名）

鲫鱼

　　肉质细嫩，但是刺比较多，所以一般用来做汤，或直接用油长时间炸酥、炸透，连骨一起吃。

鳙鱼（花鲢／胖头鱼）

　　鳙鱼的鱼头占了鱼身的很大部分，脂肪充足，有丰富的胶原蛋白，最适合用来做剁椒鱼头等。

草鱼（鲩鱼）

　　草鱼的肉质和味道与饲养环境紧密相关，因此在不同的地区买到的草鱼会有不同的特性，但都有较多的刺。最为特别的草鱼是在广东地区用蚕豆喂出的"脆肉鲩"，吃起来格外爽脆。

鲤鱼

　　鲤鱼与上面的鲫鱼，还有"四大家鱼"青、草、鲢、鳙相似，它们共同的特征是刺多，不喜欢挑刺的可以避开这些鱼，或者只用它们来炖汤。鲤鱼有较重的土腥味，对于厨房新手来说，不推荐。

黑鱼（乌鱼／生鱼）

　　黑鱼的刺比鲤鱼少，价格也亲民，是饭馆里最常见的鱼，可水煮、红烧和做酸菜鱼。

鲈鱼，鳜鱼（桂鱼），笋壳鱼

　　这三种鱼都有肉质细滑、刺少、气味较淡的特点，因此非常适合用来清蒸，吃鱼的本味。

罗非鱼

罗非鱼与鲫鱼相似，但刺较少，
用来煎、烤都很合适。

黄辣丁（黄骨鱼 / 昂刺鱼）

肉质软嫩，适合涮火锅，或者与豆腐一起炖。

鲶鱼

鲶鱼油脂含量很高，有一些土腥味，适合用来红烧。

【常见海水鱼】

鲅鱼（马鲛鱼）

鲅鱼肉质厚实，刺很少，适合
将鱼肉剔下来做鱼丸或饺子馅儿。
切片后红烧、干煎也很好吃。

带鱼（刀鱼）

带鱼价格便宜、运输方便、肉多刺少，是最为常见的海鱼之一。带
鱼身上有一层薄薄的银色油脂，随着新鲜度下降会慢慢失去光泽。新鲜
的带鱼适合清蒸，而新鲜度稍差的带鱼适合红烧或干煎。

鲳鱼（平鱼），黄花鱼

这两种鱼肉质细滑、价格亲民，
且不需要做太多的处理，直接整鱼
下锅，清蒸、红烧均可。

石斑鱼，比目鱼（包括多宝鱼、鸦片鱼等）

这几种鱼肉质洁白，没有多余的异味，但价格较高。撒一点豉油清
蒸是最好的烹饪方式。

秋刀鱼，青花鱼

日本料理中较为常见的两种鱼，因为油脂丰富，可以直接撒盐烤制，香味扑鼻。

三文鱼，金枪鱼

质量上乘的三文鱼和金枪鱼都是可以生食的，直接蘸芥末酱油就可以。在西餐中，这两种鱼也经常出现，不管是煎还是烤，都是主菜中的蛋白质担当。此外还可以切碎后拌沙拉，生熟皆可。

鳕鱼，龙利鱼

这两种鱼是近几年开始流行的进口鱼肉，一般也是以切好的净肉方式售卖，不可生食。因为肉质干净，气味很淡，储存方便，适合新手烹煮。但注意不要买到假冒鳕鱼的油鱼，食用后可能会造成腹泻。

章鱼

章鱼一般有大小两种。小章鱼也叫"八爪鱼"，常见于日本料理中，韩国人会生吃小章鱼，我国沿海地区会炒着吃，口感又脆又软。

大章鱼个头很大，我们一般能买到的都是切分好的一条腕足。章鱼肉质特殊，处理不好吃起来会很硬，需要提前软化才能食用。在日本料理店中，通常有一个学徒专门负责处理章鱼，需要学徒大力揉搓章鱼 1 个小时以上，直到它变得软弱无力。但我们在家中处理时，用肉锤大力捶打 15~20 分钟即可。

乌贼（墨鱼／花枝），鱿鱼

鱿鱼是乌贼的一种，此处放在一起介绍。处理时，首先要捏住触手部位往外拔，将触手与脑袋分开。在触手中间有个圆盘似的硬东西（有人叫它"嘴"和"牙"），需要去掉。乌贼的脑袋内部有一片半透明的内骨骼，也要去掉。最后，将眼睛和墨囊去掉，并撕掉最外层的皮，清洗干净。

乌贼中有一些种类个头较小，肉较嫩，如"海兔""小管"等，这些可以直接下锅白灼，甚至不用清理内脏和外皮就可以吃，口感软嫩，略带嚼劲。

而个头较大的种类，就需要经过上述处理之后，继续用肉锤捶打。

虾蟹

海虾（包括海白虾、对虾、基围虾、黑虎虾等）

不同种类的海虾在个头大小、肉质上略有区别，但处理方式都差不多，最大的难点在于去除虾线。

有两种方法可以去除虾线：

1. 用菜刀或剪刀，在虾背上开一道口子（俗称"开背"），用手将虾线取出。

2. 如果想保持虾身的完整，可以用牙签扎入虾的第二节，将虾线挑出。

购买虾时以在水中活跃游动为佳。挑选冰鲜虾时，可以将虾尾拿起晃动几下，死亡时间太久的虾会变得松散，晃动幅度较大。还可以按压虾身，肉质紧实为佳，不好的虾会有一种一捏全是水的感觉。

不管什么种类的虾，只要足够新鲜，白灼就很好吃。但虾的做法十分多样，油焖大虾、天妇罗炸虾都是虾的经典做法。

龙虾

小龙虾处理起来比较麻烦，买回家后首先需要用清水养半天以上，并时不时换水，让小龙虾吐出胃里的脏东西；然后需要用牙刷将身体各个缝隙的泥沙都刷洗干净，接着捏住虾尾三瓣中的中间一瓣抽出虾线。在处理过程中为了防止虾钳夹到人，需要用手紧紧捏住小龙虾的身子。

新手可以试试以下方法：

1. 用剪刀剪掉虾钳子。

2. 用约 45℃的热水将小龙虾烫晕。

3. 用高度白酒将小龙虾醉倒。

皮皮虾（虾爬子 / 虾姑）

挑选皮皮虾的方法与海虾类似，以鲜活、肉质饱满、身体紧实为佳。皮皮虾的虾壳中有不少坚硬的刺，容易划伤手，吃的时候可以用剪刀辅助剪开。

皮皮虾做法多样，白灼、椒盐、香辣皆可，虾肉做饺子馅儿也是不错的选择。

大龙虾

大龙虾有两种：带大钳子的是波士顿龙虾，没有大钳子的就叫龙虾。大龙虾处理起来比小龙虾简单，首先也是刷洗干净，然后分两种方法：

1. 如果是西餐做法，直接将龙虾整只放入开水中煮 1~2 分钟，取出放入冰水中，晾凉后可以剪刀和手并用来剥出龙虾肉，然后再选择煎、烤或煮。

2. 如果是中餐做法，先用一根筷子从虾尾一直戳到脑部，将龙虾"放尿"（即放出龙虾血），然后用菜刀将虾头、钳子、虾身分开，将虾身切开，去除虾线，再下锅炒。

海蟹

梭子蟹是价格最亲民的也是最
为常见的海蟹，鲜味足，但肉质比
较松散。青蟹肉质细腻，味道鲜甜，
但蟹壳较硬。帝王蟹风味最佳，烹
饪简单，但价格较高。新手厨师们
可以根据各自的需要来选择。

河蟹，大闸蟹

大闸蟹知名度高，公蟹蟹膏丰腴，母蟹蟹黄饱满。秋天是吃大闸蟹
的最佳季节，因为此时蟹身体里的蟹黄、蟹膏最为丰富。除了清蒸，大
闸蟹还可以用来炒年糕，糟醉蟹、面拖蟹也是常见的做法，而将蟹黄蟹
膏单独用猪油炒制的秃黄油更是极品美味。

螃蟹在下锅前都要仔细刷洗，清除身上的泥沙。吃的时候，要去掉
蟹鳃、蟹心以及肚子上的壳，再慢慢品味。

贝壳

蛏子

蛏子味道鲜甜，做法多种多样，
椒盐、葱油、盐烤等都是非常简单
而又美味的方式。要注意的是，蛏
子肉周边有一圈黑色的东西，吃的
时候要撕掉。

花蛤（花甲）

花蛤是我国最常见的贝类海产，在市场中常年有售，并且价格不高。
花蛤在夏秋季节最为肥美，无论是葱姜炒、辣炒，还是蒸鸡蛋、煮汤，
味道都很鲜。

做花蛤最头疼的问题是清理沙子。

有两种方法可以帮助清理沙子：

1. 如果时间紧迫，可以将花蛤放入开水中烫到微微开口，然后马上在流水下轻轻晃动冲洗。这样可以去掉一部分沙子，但可能会损失一部分鲜味。

2. 时间足够的情况下，可以将花蛤在盐水（1升水中加入20克盐）中浸泡1~3小时，保持水面稍微盖过花蛤，让花蛤在不受打扰的情况下自行吐出沙子。

关于吐沙，网上流传有各种方法，如在水中滴油、加醋、大力晃动等，但这些方法反而会让花蛤感到紧张而闭紧双壳，甚至直接死亡，不推荐使用。

扇贝

扇贝是"烧烤天王"，不管是加粉丝、蒜蓉或是葱花，直接放在明火上面烤，用它自己的壳做容器加热，即可食用。

西餐中也经常用到扇贝，但通常只取里面的贝柱，快速煎到上色，保持里面还是软嫩的状态。

贻贝（海虹/淡菜）

贻贝肉质偏紧，在西餐中用到较多，西班牙海鲜饭上面张开的黑色贝壳就是它。贻贝的贝壳上生有足丝，在下锅前要去掉。

生蚝（牡蛎/海蛎子/蚝）

生蚝鲜味突出，所以我国人民发明了"蚝油"来保存其鲜味。质量上乘的生蚝可以直接生吃，味道鲜甜。个头较大的生蚝也可以烤着吃，较小的生蚝也叫海蛎子、蚝仔，可以煮汤、炒菜，还可以制作福建、台湾地区的名小吃"蚝仔煎"。

衍生食谱

家常极鲜鱼料理

清蒸鲈鱼

食材

- ○ 鲈鱼 1 条
- ○ 姜 5 克（切丝）
- ○ 大葱 5 克（切丝）
- ○ 料酒 1 汤匙
- ○ 盐 5 克
- ○ 蒸鱼豉油 1 汤匙

做法

① 鱼处理干净后，放料酒、盐、少量姜丝、少量葱丝腌制 10 分钟，控干。

② 水烧开后，将鱼放入蒸锅，蒸 8 分钟，然后沿盘边浇入蒸鱼豉油，继续蒸 2 分钟。

③ 将剩余葱丝、姜丝放在鱼上，在炒锅中烧热 2 汤匙明油，淋到鱼上即可。

鲫鱼炖豆腐

食材

- ○ 鲫鱼 1 条
- ○ 北豆腐 1 块（切大块）
- ○ 姜 2 片
- ○ 葱 2 根（切段）
- ○ 盐 3 克
- ○ 油 2 汤匙

做法

① 鱼处理干净后（建议在购买时让鱼贩帮忙处理好，既省时又省力），两面各斜刀切 3~4 刀，便于入味。

② 锅中放油，将鱼煎至两面焦黄，放入姜、葱炒香，然后倒入开水直到没过鱼。

③ 盖上锅盖，大火炖约 20 分钟，炖至汤色变白后，放入豆腐块炖 10 分钟，再以盐调味即可。

宫保鸡丁：
据说花生比鸡丁好吃

场合 / 正餐·主食　　　**用时** / 20 分钟

如果让一个北京人和一个四川人同时做宫保鸡丁，两人可能会在厨房里起争执：一个说要放黄瓜丁和胡萝卜丁，一个说要放莴笋。这时候如果再来一个山东人说"宫保鸡丁是鲁菜"，估计会直接"引战"。

抛开流派不说，宫保鸡丁最基本的三个原料是：鸡丁、花生、葱段。鸡肉加热时间过久会很容易使其口感变老，所以整道菜的炒制过程要非常迅速，不宜超过 3 分钟。建议新手将所有原料都备好后再开火，防止临时找东西手忙脚乱，误了火候。

主料 ——
○去骨鸡腿肉或鸡胸肉 300 克　○熟花生米 20 克

调味料 ——
○干辣椒 2 根　○葱白 1 根

调味料 - 腌制肉 ——
○盐 1 克　○淀粉 1 汤匙　○料酒 1.5 汤匙　○生抽 1 汤匙
○老抽 1/2 茶匙

调味料 - 成菜用 ——
○生抽 1 汤匙　○香醋 1 汤匙　○糖 15 克　○淀粉 1 汤匙
○水 2 汤匙　○胡椒粉 1 茶匙

做法

① 将鸡肉切成 2 立方厘米的肉丁。如果是鸡腿肉，可先去掉表面多余的筋膜和脂肪，以免影响口感。

② 在碗中加淀粉、料酒、生抽、盐，搅拌均匀后放入鸡丁，用手抓匀，腌制 15 分钟（此步骤可让鸡肉外层形成保护膜，防止变柴）。

③ 干辣椒、葱白切小段。

④ 在碗中放生抽、香醋、糖、水、淀粉、胡椒粉、老抽（上色用），混匀调汁。

⑤ 锅中热油，倒入干辣椒和葱白煸香。

⑥ 放入鸡丁翻炒（炒至上色即可），加调汁，收锅前放入花生。

美味秘诀

① **自制酥脆花生米**

很多人认为，宫保鸡丁中最好吃的是花生而非鸡丁，所以自制酥脆的花生米也是很有趣的体验。准备一个已放入厨房纸的小碗，让花生酥脆的秘诀是将生花生米冷油下锅，中小火炒至变脆（外表略微变黄），放入碗中待用即可。（去掉花生红皮的两种方法：一种是用开水烫生花生，去皮后沥干；另一种是炸好晾凉，再剥去红皮。）

② **"宫保"系列还能这样做**

解构宫保鸡丁这道菜，可以分成"腌制""调汁""炒制"三个步骤。腌料和调味汁做法不变，将鸡丁换成其他食材也是可行的。比如宫保虾球，就是用虾仁代替鸡丁，腌制时可适当减少用时至 5 分钟左右，然后用同样的方式烹调，也可搭配杏仁、夏威夷果等坚果。

鸡肉常见部位区分及做法

鸡肉分解图

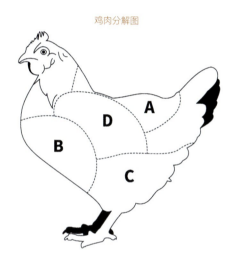

A **鸡背：** 鸡骨架

B **鸡胸：** 鸡大胸、鸡小胸

C **鸡腿：** 全腿（腿肉块＋琵琶腿＋鸡爪）

D **鸡翅：** 全翅（翅尖＋翅中＋翅根）

整鸡

　　家庭烹饪用的整鸡，一般个头不大，可用来整只烤或炖。买回整鸡后，一定要先将表皮以及内脏清洗干净，再进一步处理。

鸡背

　　鸡骨架上肉比较少且分布零碎，一般用来做酱鸡架或炸鸡架。但由于这两种做法准备起来比较复杂，且鸡架在市场里也比较少见，所以一般不会在家里烹饪。

　　如果你恰好买了一只整鸡自己处理，又剩下一些骨架的话，用这些滋味浓郁的骨架熬制鸡汤则是绝佳的选择。

鸡胸

　　鸡大胸是一个大三角块，鸡小胸是附着在大胸上的一竖条肉，也就是鸡的里脊。鸡胸肉很嫩，鸡小胸（如下图）比鸡大胸更嫩一些，价格也更贵。现在在超市能买到的鸡胸肉，大多做了去皮处理，因此是纯瘦肉，基本没有油脂（油脂是鸡肉中黄色半透明的部分，可以用刀刮掉）。鸡胸肉纤维清晰，肉质密实，很容易做切分处理。

　　如果直接烹制鸡胸肉，煎或者煮都可以。如果鸡胸肉过于厚实，则推荐用煮的方式，避免煎的时候外皮已经焦糊，而里面还是生的。

鸡腿

一个完整的鸡全腿是手枪状的，由腿肉块、琵琶腿和鸡爪 3 部分组成。和鸡胸肉相比，鸡腿肉中筋膜较多，而且有骨头，处理起来比较麻烦，难以切成均匀的块状。但是相比于鸡胸肉，鸡腿肉的口感更好，不会太柴，味道也更香。如果烹饪完整的鸡腿肉，需要较长的时间。

鸡翅

鸡全翅分为 3 个部分，从靠近鸡身向外延展，依次为翅根、翅中和翅尖。通常在超市买到的都是切割好的翅根和翅中。翅根长得有点像琵琶腿，但个头要小很多。翅根肉比较多、比较香，基础的做法是红烧。烹调翅根时，最好先用刀划出口子，方便入味。与翅根相比，翅中肉均匀且薄，易熟易处理。

鸡丝凉面：
四季皆宜的清爽面食

场合 / 正餐 · 主食　　　**用时** / 20 分钟

鸡丝凉面并不能算是一道"快手"的菜，虽然做法很简单，但所有的配料洗洗切切却非常费时。那我们为什么还要介绍这道菜呢？

做过菜的人都知道，夏天的厨房只要开火，就会汗如雨下，太让人痛苦了，而鸡丝凉面这道菜，加热的环节很少，并且它并不是制作过程非常紧凑的菜，虽然要洗洗切切，但做累了可以随时将半成品放入冰箱休息一下。对于夏天来说，这样的主食最是合宜。

主料 ——
○鸡胸肉 1 块　○鲜面条 150 克　○盐 1 汤匙　○木耳 50 克
○胡萝卜 1 根　○黄瓜 1 根　○香菜 2 根　○小米辣 1 根
○熟白芝麻 2 克

调味料 ——
○姜 2 片　○料酒 10 毫升　○香油 5 毫升　○麻酱 20 克
○醋 5 毫升　○生抽 10 毫升　○白糖 3 克　○胡椒粉 1 克（可选）
○清水 50 毫升

做法

① 木耳提前在清水里泡发。洗净后在热水中焯几秒钟，取出沥干。

② 胡萝卜去皮切丝，木耳、黄瓜切丝，小米辣切小段。

③ 鸡胸肉、姜片、料酒冷水下锅，将肉煮熟。

④ 将鸡胸肉按肌理撕成条。

⑤ 煮一锅开水，加1汤匙盐，下面条，煮熟后沥干，过凉水，拌香油（避免粘住）。

⑥ 拌酱料，根据麻酱买回来的稀稠状态，一勺一勺地加水搅拌。

⑦ 在碗中放入凉面、鸡丝、配菜，浇上酱料，然后用香菜、小米辣、白芝麻点缀。

 美味秘诀

煮鸡胸肉的火候

　　鸡胸肉冷水下锅，煮到水开后，一定要转小火，再煮 8 分钟左右，避免干柴。挑选鸡胸肉时，最好选厚度为 2.5 厘米以内的肉，尽量别选太厚的肉，否则火候难掌控。煮好的肉取出晾凉时，可盖上保鲜膜避免表皮过于干燥。

面条料理

炒方便面：健康少油版街头美食

食材

○ 方便面 1 袋

○ 香肠 2 根（切条）

○ 鸡蛋 1 个

○ 小油菜 1 把

○ 油 1 大勺

○ 生抽 2 大勺

做法

① 方便面在沸水中煮至 8 分熟，取出过凉水。

② 热油起锅，倒入蛋液，炒成块状后取出，放入方便面。

③ 然后放入香肠、油菜、鸡蛋一起翻炒，加生抽调味。

葱油拌面：刺激食欲的简单料理

食材

○ 鲜面条 100 克
○ 小葱 1 把（切段）
○ 油 80 毫升
○ 生抽 80 毫升
○ 糖 30 克

做法

① 小葱段放入油中，保持小火，不停翻动，炸至微黄发干。
② 关火，放生抽、糖，再煮开一次即可出锅密封保存。
③ 煮好面后沥干水，拌入葱油即可。

海鲜乌冬面：日式高汤的智慧

食材

- ○ 乌冬面 1 袋
- ○ 日式高汤 600 毫升
- ○ 味啉 2 大勺
- ○ 清酒 2 大勺
- ○ 虾 3 只
- ○ 花蛤 100 克
- ○ 油豆腐 2 块
- ○ 海苔 2 片
- ○ 小葱 1 根（切葱花）

做法

① 乌冬面按照包装要求煮好备用，虾和花蛤煮熟备用。

② 在高汤中放味啉、清酒、葱花，中小火煮 3 分钟左右，以盐调味，然后和面条倒在一起，放上虾、花蛤、油豆腐、海苔。

冷面：夏日解暑必备

食材

○ 冷面 1 袋

○ 酱牛肉 5 片

○ 鸡蛋 1 个（煮熟）

○ 辣白菜 20 克（切块）

○ 番茄 半个（切片）

○ 黄瓜 1 根（切丝）

○ 纯净水 500 毫升

○ 米醋 2 大勺

○ 糖 1 大勺

○ 盐 2 克

○ 生抽 1 大勺

做法

① 制作冷面汤：纯净水（或牛肉汤）、米醋、糖、盐、生抽混合，冷藏保存。

② 冷面按照包装说明煮好，过冷水后放入碗中，摆上黄瓜丝、番茄片、辣白菜、酱牛肉和煮鸡蛋，然后倒入冷面汤。

青菜丸子汤：
秋冬时节的一大碗酣畅淋漓

| 场合 / 正餐·主食 | 用时 / 40 分钟 |

对上班族来说，动辄花上两三个小时煲一锅汤并不是很有性价比的选择，而简单清爽的青菜丸子汤一样可以让晚餐更丰盛。

对新手来说，挤丸子是一个需要练习的过程。而一旦熟悉之后，就可以一次性做一批丸子，冷冻保存。以后就无需解冻直接下锅，方便许多。

制作丸子可以使用各种肉类和配料，但要注意：肉类中，鸡肉比猪肉和牛肉脂肪含量少，因此如果用鸡肉做丸子的话，要加入额外的油来保证口感顺滑不发柴。另外，如果加入胡萝卜之类的蔬菜，切成蔬菜丁之后，需要用手挤出水分或者用盐"杀"出水分，否则水分过多会导致丸子变散无法成形。

主料 ——
○猪肉末 300 克　○北豆腐 150 克　○油菜（或小白菜）1 把

调味料 ——
○姜 5 克　○淀粉 10 克　○蛋清 2 个　○黑胡椒粉 2 克
○盐 2 克　○料酒 10 毫升

做法

① 姜切末，青菜洗净，北豆腐
泡开水去腥。

② 将肉末、豆腐、姜末、淀粉、
黑胡椒粉、盐、料酒放入盆中，
用手捏到一起。

③ 打入蛋清，用手搅匀上劲。

④ 锅中放油，爆炒香葱片，然后加冷水煮沸。

⑤ 调成中小火，用手取馅制作丸子，放入锅中煮至浮起。

⑥　撇去浮沫，在汤中放入青菜，煮至变软、颜色变青翠，
　　加盐调味，出锅。

美味秘诀

①　**肉馅的预处理**

　　　　肉馅可以用来直接炒菜或是做丸子。在做丸子时
需要加水、料酒、淀粉等，是为了更好地成团，如果
是下锅翻炒则不用加。

②　**制作肉丸子**

　　　　制作丸子有两种方法，一种用勺，另一种用手。
用勺子之前，准备一小碗清水，勺子发黏的时候就涮涮。
可用勺子直接从馅料中挖出圆形，但这种方法挖出的
丸子美观性较差，且大小不好统一。用手做丸子则较
易形成规矩的球状，这时要用到虎口部分，方法是取
肉馅放手心，再从虎口挤出，再借助勺子推到锅中。

肉馅的花样料理

炸茄盒：外焦里嫩的 "懒人菜"

食材

- ○ 长茄子 2 个（选择口径较粗、匀称的长茄子）
- ○ 猪肉馅 200 克
- ○ 蛋清 1 个
- ○ 淀粉 10 克
- ○ 生抽 1 大勺
- ○ 姜末 3 克
- ○ 五香粉 1 小勺
- ○ 料酒 10 毫升
- ○ 葱姜水 10 毫升
- ○ 油 适量
- ○ 面粉 1 小碗
- ○ 淀粉 1 小碗

做法

① 将肉馅和蛋清、淀粉、生抽、姜末、五香粉、料酒、葱姜水混合。

② 取一个碗放面粉、淀粉，加清水搅匀成糊。

③ 茄子切茄夹，放入肉馅，抹上面粉糊，油六成热的时候下茄盒，炸至金黄。将油温升至九成热，复炸一遍使表面酥脆。

尖椒酿肉：把肉香酿入蔬菜中

食材

- 尖椒 4 个
- 猪肉馅 200 克
- 蛋清 1 个
- 淀粉 10 克
- 生抽 1 大勺
- 姜末 3 克
- 料酒 10 毫升
- 葱姜水 10 毫升
- 豆瓣酱 3 大勺
- 油 2 大勺

做法

① 猪肉馅和蛋清、淀粉、生抽、姜末、料酒、葱姜水混匀待用。

② 切去尖椒根部，然后划开一个口，将馅料塞进去，再以更多淀粉封口。

③ 锅中热油，先煎尖椒至出现虎皮状态，然后取出，炒香豆瓣酱，放回尖椒，加一碗清水，盖上锅盖焖15 分钟即可。

黑三剁：云南特色下饭菜

食材

○ 肉馅 200 克

○ 玫瑰大头菜 150 克（切碎）

○ 姜末 1 大勺

○ 洋葱 1/4 个（切碎）

○ 青红椒 各 1 根（切丁）

○ 料酒 1 大勺

○ 生抽 1 大勺

○ 蚝油 1 小勺

○ 油 2 大勺

做法

① 炒香玫瑰大头菜，炒干后取出待用。

② 锅中放油,炒香姜末、洋葱碎,然后放肉馅炒至上色,放玫瑰大头菜、青红椒,并以料酒、蚝油、生抽调味。

酥炸蘑菇：
既是小菜，也是零食

场合 / 正餐·主食　　**用时** / 20 分钟

油炸类食物一般可以分为三种：

一种是不需要裹浆直接炸。一般是土豆、地瓜这样的根茎类，以及肉丸子、春卷等。这类食材的含水量不会特别高，炸后也能自己保持一定的形状，不会散开。

二是裹面糊炸。面糊可以形成一个脆壳包住食材，一方面，脆壳可以锁住水分，让内部的食材柔软不发干；另一方面，面糊在油炸后也为食物提供了特殊的香味。这道炸蘑菇就用了这种方法，另外炸鲜奶、炸茄盒、炸酥肉，以及日式的天妇罗，都是裹的面糊。

三是裹浆后再裹一层干料炸。常见的"干料"有面包糠、面疙瘩，还有直接裹面粉的。干料在油炸之后十分松脆，能形成非常香脆的口感，与内里的食材形成鲜明对比。炸猪排、炸鸡翅、可乐饼，以及"万物皆可炸"系列中的油炸冰激凌、炸奥利奥等，都是这种裹浆法。

主料 ——
○ 平菇 200 克

调味料 ——
○ 鸡蛋 1 个　○ 面粉 30 克　○ 淀粉 30 克　○ 盐 1/2 茶匙
○ 五香粉 1/2 茶匙　○ 油 1 大碗　○ 椒盐 1 小碟

做法

① 平菇清洗干净，在开水中煮 1 分钟焯水，变软即可取出（蘑菇的水分很多，焯水是为了逼出水分，方便之后下油锅）。

② 挤干水分，将平菇撕成条（平菇水分很多，要尽量挤干）。

③ 将面粉、淀粉、盐、五香粉放碗中，拌入鸡蛋，再以清水调面糊：筷子抬起，有粘稠度地往下掉的程度。将蘑菇浸入。

④ 锅中放油，六成热的时候第一次炸制（六成热的时候，面糊会稍稍下沉，过几秒后会再浮起来），炸至上色，取出控油。

⑤ 油温升高（稍微有点冒烟后），拿漏勺放入蘑菇复炸（一放入就会浮起来），10 秒左右变金黄色取出。

⑥ 可在蘑菇表面撒盐，或是配椒盐蘸着吃（自制椒盐蘸料：盐＋花椒面＋辣椒面 =3：1：1）。

美味秘诀

① **做好炸东西的准备**

　　第一次炸东西，建议两个人合作，一个人主要负责炸的操作，另一个人负责准备所需工具和判断炸的程度与火候。在进行油炸前，先将厨房纸、夹子、围裙、手套准备好。油炸时不要害怕。准备时记得尽量挤出食材水分。另外要牢记，剩余的油不能直接倒入水槽，会造成堵塞，可以放凉后再作为厨余垃圾进行处理。

② **为炸品调好面糊**

　　面糊中面粉和淀粉的比例建议调成 1：1，纯用面粉容易成团，纯用淀粉会分层，挂不住。加清水时，要一点一点地加，可以稠一点，太稀的话，油炸时会使面糊和平菇分离。

常见菌菇

香菇 / 花菇 / 冬菇

香菇是中国最常见的蘑菇，花菇和冬菇是香菇的一种。相比新鲜香菇更易储藏，是烹饪常备"干货"。香菇的香味很浓，而且干香菇比鲜香菇味道更浓。香菇几乎适用于各种做法，可以整个蒸煮，也可以切片、切末，煮、煎、炒均可。

干香菇的泡发方法：将干香菇放在小碗中，倒入冷水，等待约 30 分钟即可。如果时间紧急，可以用开水泡发，约 5 分钟即可。泡发后的香菇水可以留下来，可以在煮汤或者炒菜时用来提鲜。

双孢菇 / 口蘑

西餐中最常见的蘑菇，英文名甚至就叫作Common Mushroon。用法跟香菇一样百搭，只是一般都用新鲜的，不需要泡发。双孢菇味道较清淡，所以经常作为辅助配料使用。

新鲜双孢菇的质感比新鲜香菇脆，因此处理香菇时需要用手将菌柄拧下来，而处理双孢菇时只需轻轻用手一掰，就可以将菌柄和菌伞分离。

金针菇

由于金针菇中含有真菌多糖，在人体内不容易被分解吸收，所以经常能保持完全体穿肠而过。尽管如此，金针菇依然与火锅是绝配。而因为它外形细细长长又容易熟，用培根卷起来煎着吃也是颇为流行的做法。

金针菇可以说是处理起来最简单的蘑菇，只要清洗干净，将根部切除即可。

杏鲍菇

杏鲍菇肉质肥厚，不易入味，因此比较适合切薄片或切丝炒制。

平菇

平菇是非常大众化的一种蘑菇，味道清淡，价格便宜。酥炸蘑菇中用到的就是平菇。

处理方法：洗净后，切去带土的根部，将剩下的部分用手撕成小朵即可。

草菇

草菇长得圆滚滚的，非常可爱，味道也尤为鲜美。草菇切开后，内部带有一道缝隙，特别容易吸收酱汁，

因此适宜搭配不同食材清炒。

　　处理方法：用手将草菇的底部抠净，或用刀切除。有的人觉得草菇直接煮熟后有一股怪味，那就可以先用开水焯烫一遍，沥干后再用。

竹荪

　　竹荪长得有点像小条海绵，有一张白色的网，煮好后易吸收汤汁。竹荪味道清淡，适合与鸡汤、鹅汤等不会抢味的材料同煮。

　　处理方法：如果是干竹荪，可用冷水泡发20分钟左右，然后洗净泥沙，切除根部。竹荪久煮会丧失爽滑口感，因此需要在最后下锅，煮的时间不要超过20分钟。

衍 生 食 谱

轻量级炸物

炸洋葱圈：看剧休闲好伴侣

食材

- ○ 洋葱 2 个
- ○ 面粉 30 克
- ○ 淀粉 30 克
- ○ 啤酒 70 毫升
- ○ 盐 1/2 茶匙
- ○ 面包糠 100 克

做法

① 洋葱去皮，切成 1 厘米厚的圈，去除洋葱圈的薄膜，方便挂糊。（切洋葱之前，先把洋葱放冰箱冷藏半小时，取出再切就不那么辣眼睛啦。）

② 调面糊：面粉、淀粉、盐放碗中，倒入啤酒调面糊。

③ 在洋葱圈上挂一层面糊，再放入面包糠中，要确保内外都覆盖到。

④ 将洋葱圈放入七成热的油锅中，炸至金黄色后捞出控油即可。

日式炸虾：更清爽的炸虾做法

食材

○ 大虾 10 个
○ 鸡蛋 1 个
○ 淀粉 30 克
○ 面包糠 50 克
○ 料酒 1 汤匙
○ 盐 1/2 茶匙

做法

① 大虾去头剥壳去虾线，留下虾尾。用刀在虾的腹部等距离轻划 3 刀，但不切断，以防止虾在炸制中弯曲。撒盐备用。

② 将鸡蛋放入碗中打散，把淀粉和面包糠分别放入另外两个碗中。

③ 将腌好的大虾依次裹上淀粉、鸡蛋液和面包糠。放入烧至七成热的油锅中，下锅炸至金黄色捞出控油即可。

炸香蕉：水果炸完，别具风味

食材

○ 香蕉 5 根（去皮切两半）

○ 鸡蛋 1 个

○ 面包糠 50 克

○ 面粉 50 克

做法

① 将鸡蛋放入碗中打散，把面粉和面包糠分别放在不同的碗中。

② 将香蕉依次裹上面粉、蛋液、面包糠，插上木签。

③ 放入烧至七成热的油锅中，下锅炸至金黄色捞出控油即可。

炸酥肉：可小食，也可涮肉

食材

- ○ 猪里脊 250 克
- ○ 生抽 2 汤匙
- ○ 料酒 2 汤匙
- ○ 姜丝 5 克
- ○ 盐 1 克
- ○ 面粉 50 克
- ○ 淀粉 50 克
- ○ 鸡蛋 1 个

做法

① 将猪里脊切成细条，倒入碗中，加入生抽、料酒、姜丝和盐，腌制 30 分钟以上。

② 调面糊：混合面粉、淀粉、鸡蛋液和少许清水，搅拌成糊。去掉姜丝，将腌好的猪里脊放入面糊里挂糊。

③ 将猪里脊一条一条地放入烧至七成热的油锅中，油炸至微黄后捞出。待油烧到九成热后，再下锅炸至金黄色后捞出控油即可。

油焖大虾：
用吮指的方法摄入蛋白质

场合 / 正餐·主食　　**用时** / 15分钟

新手面对海鲜类菜肴，第一个犯愁的问题就是：要怎么挑选？

不过放心，油焖大虾这道菜，不需要考虑虾的种类，普通海白虾也可以，基围虾也没问题。活蹦乱跳的虾最好，冰鲜的虾也可以做。

虾头能不能吃？虾头部包括虾的肝胰腺、生殖腺和消化器官，不仅可以吃，而且非常美味。但虾头也是重金属富集的部位，有顾虑的话就得少吃。如果不吃虾头的话，也不要扔掉，可以用来熬鲜美的虾油。

主料 ——
○虾 10 只　　○柠檬半个（可选）

调味料 ——
○葱 10 克　○姜 3 片　○油 3 汤匙　○料酒 1 汤匙
○白醋 1/2 汤匙　○生抽 1/2 茶匙　○盐 1 克
○糖 5 克　○番茄酱 2 汤匙

① 剪断虾须、虾脚，去掉虾线。

② 葱切斜片，姜切片。

③ 锅中放 3 汤匙油，中火烧热，放虾煎至变色、变脆，稍微按压虾头使其出虾油，然后盛出虾。

④ 姜、葱炒香后，将虾倒回去。

⑤ 加料酒、白醋、生抽、盐、糖、番茄酱，翻炒后加清水 50 毫升。盖上锅盖，小火焖 5 分钟。

⑥ 汤汁收缩至浓稠，翻炒出锅。用柠檬块装饰。

美味秘诀

① **挑到新鲜的虾**

挑虾的时候，要选虾肉饱满的虾。新鲜的虾的虾线是一整条，如果去除得干净，不需用水冲洗。洗好的虾记得沥干，不沥干可能会爆油。

② **去除虾线**

虾线是虾的消化肠道，存有脏东西，且带有腥味，影响口感，食用前最好去除。先剪开虾背，可以距离中间线稍微偏一点，避免剪断虾线。挑出虾线，然后冲洗干净。用刀开虾背更容易使虾入味，新手可以用剪刀开虾，也可以不开，煮熟以后再挑。

爆炒花蛤：夜宵最爱

衍生食谱

好吃不贵的海鲜料理

食材

- ○ 花蛤 500 克
- ○ 豆瓣酱 1 汤匙
- ○ 姜末 1 茶匙
- ○ 蒜 1 瓣（切片）
- ○ 小葱 1 根（切段）
- ○ 干辣椒 1 根（切段）
- ○ 油 1 汤匙

做法

① 花蛤提前放入水中浸泡，加一汤匙盐，等其吐沙。烧一锅开水，将花蛤倒入烫半分钟左右，等其微微张开口取出控水。

② 取另一个锅烧热油，放干辣椒、姜末炒香，然后加豆瓣酱炒出红油，接着放花蛤，大火爆炒至其全部张开后，加葱段、蒜片翻炒即可出锅。

香辣蟹：平价中的 "贵族"

食材

- ○ 河蟹 5 只
- ○ 蒜 4 片
- ○ 姜 5 克（切丝）
- ○ 干辣椒 1 根（切段）
- ○ 豆瓣酱 2 汤匙
- ○ 生抽 1 汤匙
- ○ 醋 1 汤匙
- ○ 糖 1 茶匙
- ○ 油 适量
- ○ 淀粉 适量

做法

① 河蟹提前泡在清水里吐沙，然后将其放在白酒中醉死，去掉蟹钳、蟹肠、蟹腮、蟹壳，将蟹切成两半。

② 在蟹的切面部分蘸上一层淀粉，下锅炸至金黄后取出控油。

③ 锅中加油烧热，放姜、蒜、干辣椒炒香，然后放豆瓣酱炒出红油，接着放螃蟹翻炒，加糖、醋、生抽，炒匀即可。

干贝冬瓜汤：一碗汤里烹小鲜

食材

○ 干贝 20 克
○ 冬瓜 200 克（切厚片）
○ 盐 2 克
○ 葱花 1 茶匙
○ 蛤蜊 8 个

做法

① 干贝提前泡水，蛤蜊提前吐沙。
② 干贝和冬瓜一起下锅，加足量水，大火煮开后转中火，煮至冬瓜变软。
③ 快熟时放蛤蜊，煮到蛤蜊开口即可。
④ 加少许盐调味，撒上葱花后出锅。

第三章

不去餐厅，

周末照样吃得好

南瓜浓汤：
可以直接喝的蔬菜

场合 / 正餐·主食　　**用时** / 40 分钟

　　西餐中的汤与中餐的汤大相径庭，西餐中的汤往往非常浓稠，口感均一，吃法也多是用面包片蘸着吃，而不是举着碗咕咚咕咚喝。说是汤，其实更像是比较稀的酱汁。

　　制作这道菜时我们用到了手持搅拌机，这在制作西餐时是非常方便的工具。如果你没有手持搅拌机，也没关系，可以使用料理机（搅拌机）打碎食材。

　　常见的南瓜浓汤里都会加奶油，会带来浓郁的香味，但吃多了会有点腻。这里我们没有用奶油，而是加入了很多蔬菜，清爽的蔬菜更衬托了南瓜的浓郁味道。

特殊厨具准备　料理棒（或搅拌机、料理机）

主料 ——
○南瓜 300 克　○洋葱 半个　○蒜 1 瓣　○西芹 半根
○胡萝卜 半根　○土豆 1 个　○口蘑 4 个

调味料 ——
○黄油 40 克　○百里香 1 支　○高汤 600 毫升　○盐 3 克
○黑胡椒 2 克　○肉桂粉 2 克

做法

① 烤箱预热 220℃，南瓜去皮、去籽、切大块，盖上锡纸送入烤箱烤 20~30 分钟。洋葱、蒜切末，西芹、胡萝卜、土豆切块，口蘑切片。

② 取一半黄油放入锅中，小火烧热锅，煸香洋葱和蒜。

③ 放入西芹、胡萝卜和土豆翻炒 2 分钟，加入高汤没过蔬菜。然后加入肉桂粉和百里香。小火煮 20 分钟直到蔬菜变软。

④ 加入烤好的南瓜，继续小火炖煮 30 分钟，最后用
搅拌棒打碎。然后加入适量的盐和黑胡椒粉。（如
果没有搅拌棒，就用料理机分批把南瓜打碎，效果
是一样的。）

⑤ 另拿一个小锅放入剩下的一半黄油，放入百里香，
煎口蘑。直到两面都是焦焦的状态就可以了。

⑥　拿出切好的小南瓜。把南瓜汤盛好，摆上煎好的蘑菇，撒上一些百里香碎。

美味秘诀

让蔬菜浓汤的质地更细腻

　　一道美味的蔬菜浓汤的标准，除了味道芳香浓郁，细腻的质地也至关重要。除了拥有一台顺手的机器（料理棒或是搅拌机都行），蔬菜也需要熟透软烂，同时要趁热搅拌，否则很容易结块。搅拌蔬菜之前，可以先将汤汁沥出来一部分，随着搅拌状态的变化再一点点加回去，以求更好地掌握浓稠度。

玉米浓汤

衍生食谱

浓汤晚餐

玉米浓汤

食材

- 玉米 2 个
- 土豆 1 个（切丁）
- 洋葱 1/2 个（切碎）
- 牛奶 250 毫升
- 黄油 10 克
- 盐 2 克
- 黑胡椒 1 克

做法

① 玉米去须，清洗干净后用刀顺着玉米将玉米粒切下来。

② 黄油放锅中加热融化，放入洋葱碎翻炒，加入土豆丁、玉米粒，倒入少许水煮至土豆变软。选出几粒煮好的玉米粒留作装饰用。

③ 将食材全部倒入搅拌机，再倒入牛奶，搅打至顺滑。如果不够浓稠的话，可以将其倒入锅中，小火加热至浓稠。加入盐、黑胡椒调味。拿玉米粒装饰即可。

豌豆浓汤

食材

○ 豌豆 200 克

○ 淡奶油 50 克

○ 吐司 1 片

○ 盐 1 克

○ 黑胡椒 1 克

做法

① 吐司去边切丁，倒入少许橄榄油，放烤箱烤约 30 分钟待吐司丁变脆。

② 豌豆清洗干净，加清水，大火煮沸后转小火煮 10~15 分钟。选出几粒煮好的豌豆留作装饰用。

③ 将煮熟的豌豆和水一同倒入搅拌机，搅打至细腻顺滑。

④ 将搅拌后的汤倒回锅中，加淡奶油煮沸，撒少许盐和黑胡椒，拿吐司丁和煮好的豌豆装饰即可。

土豆浓汤

食材

- ○ 土豆 2 个（切小块）
- ○ 洋葱 1 个（切丝）
- ○ 黄油 20 克
- ○ 培根 2 片
- ○ 牛奶 150 毫升
- ○ 盐 2 克
- ○ 黑胡椒 1 克

做法

① 锅中热黄油，待黄油融化后倒入洋葱丝翻炒，软化后加入土豆块，来回翻炒。倒清水没过土豆，大火煮沸后转中火煮至土豆酥软。

② 培根切丁，放入锅中煎焦香，取出用厨房纸吸油。

③ 将煮软的土豆倒入搅拌机中，搅打顺滑。搅打好的土豆倒回锅中，加入牛奶，小火加热，搅拌均匀。撒盐、黑胡椒，拿培根丁装饰。

烤蔬菜藜麦沙拉：
低脂健康轻食，也能超好吃

场合 / 早餐·轻食　　**用时** / 50 分钟

常见的沙拉组合：

凯撒沙拉：长叶生菜＋烤面包丁＋鸡蛋＋帕玛森奶酪＋凯撒酱，可以加入鸡肉、培根等。

考伯沙拉：番茄丁＋煮鸡蛋＋牛油果＋鸡肉＋培根粒＋油醋汁。

土豆泥沙拉：土豆泥＋胡萝卜丁＋火腿粒＋蛋黄酱。

日式卷心菜沙拉：卷心菜细丝＋和风酱。

水果沙拉：各类水果＋酸奶。

自己制作沙拉不必受限于各种公式，喜欢什么就可放什么。如果实在是不喜欢吃生的蔬菜，这道烤蔬菜藜麦沙拉可以尝试一下。

特殊厨具准备　　烤箱

主料 ——
○熟鹰嘴豆 50 克　○藜麦 80 克　○羽衣甘蓝 100 克　○土豆 1 个
○紫薯 100 克　○胡萝卜 1 根　○小洋葱 4 个　○红黄甜椒 各 1/2 个
○樱桃番茄 6 个　○沙拉软质奶酪 30 克　○柠檬 2 片

调味料 ——
○橄榄油 3 汤匙　○盐 1 茶匙　○黑胡椒 1 茶匙

油醋汁 ——
○意大利黑醋 1 汤匙　○橄榄油 3 汤匙　○盐 1 克　○黑胡椒 1 克

做法

① 紫薯、胡萝卜、红黄甜椒、土豆切块，樱桃番茄对半切，小洋葱切 1/4 的块状，加橄榄油、盐、黑胡椒拌匀。

② 将烤箱设置 170℃，烤 15 分钟后取出甜椒、樱桃番茄，将剩下的食物再烤 15 分钟。（放入烤盘时，可按照易烤程度摆放，这样可以统一将烤熟的食材取出。）

③ 羽衣甘蓝撕成小块，加橄榄油、盐、黑胡椒，拌匀放在锡纸上，烤 10 分钟至酥脆，取出晾凉吸油。

④ 藜麦和水放锅里（藜麦和水的比例是 1：2），大火煮开，然后调小火焖煮 12~15 分钟，至水分充分吸收，加盐、黑胡椒，关火搅拌 1 分钟。

⑤ 做油醋汁。先将醋倒入碗里，然后边加橄榄油边搅拌，直到变稠。

⑥ 将藜麦、鹰嘴豆、烤蔬菜拌到一起，淋上油醋汁，用奶酪、柠檬装饰。

美味秘诀

① **认识"超级食物"藜麦、鹰嘴豆和羽衣甘蓝**

　　藜麦、鹰嘴豆和羽衣甘蓝这3种常见于西式沙拉中的食物，都有"超级食物"的美誉。藜麦富含氨基酸，蛋白质含量的百分比几乎可以和牛肉媲美。鹰嘴豆除了蛋白质丰富，其所含异黄酮更有延缓衰老的效果。羽衣甘蓝脂肪含量低，且富含维生素K。

　　虽然这3种食材的名称听起来陌生，但是烹饪起来并不复杂。鹰嘴豆可以直接买罐头装的，味道和自己泡完再煮的一样好。藜麦颗粒很小，煮之前无须浸泡，煮熟后呈透明状，比较有嚼劲。羽衣甘蓝可以洗净撕片直接吃，也可以按照这道食谱的方法进行烤制，使其更加酥脆咸香。

② **优化烹饪流程**

　　在准备杂蔬沙拉等菜肴时，涉及的食材较多，因此创建有序的工作流程很重要。

　　以这道菜为例，土豆、紫薯、胡萝卜、小洋葱所需的时间差不多，因此可以切成相似的块状，放在一起烘烤；红黄甜椒和樱桃番茄的用时相近，也能放在一起；羽衣甘蓝比较独立，可以撕好后随时放入烤箱的其他层，单独烤。如果有其他喜欢的食材，自己可以提前规划好放入烤箱的顺序。

衍 生 食 谱

自制健康沙拉酱

食材

- ○ 凤尾鱼罐头 1 个
- ○ 蒜 2 瓣
- ○ 蛋黄 3 个
- ○ 第戎芥末 1 茶匙
- ○ 柠檬汁 2 汤匙
- ○ 橄榄油 2 汤匙
- ○ 帕马森奶酪 2 汤匙
- ○ 黑胡椒 适量

做法

① 将凤尾鱼和蒜切碎。

② 把蛋黄打匀，加入凤尾鱼和蒜碎、第戎芥末、柠檬汁，逐渐加入橄榄油，不断搅拌至顺滑。

③ 擦入帕马森奶酪碎，加入少量黑胡椒即可。

日式风情和风酱

食材

○ 日式酱油 80 毫升

○ 味啉 80 毫升

○ 醋 40 毫升

○ 清酒 40 毫升

○ 柠檬汁 25 毫升

○ 白砂糖 20 克

○ 白芝麻 5 克

做法

将所有的食材倒入碗中，搅拌均匀即可。

健康天然的牛油果酱

食材

- 番茄 1/2 个
- 洋葱 1/2 个
- 墨西哥辣椒 1 个
- 成熟牛油果 2 个
- 香菜碎 2 汤匙
- 粗盐 1/2 茶匙
- 柠檬汁 1 汤匙
- 黑胡椒 适量

做法

① 将番茄去皮切小丁，洋葱和墨西哥辣椒切碎。

② 将牛油果切半去核，用勺子挖出果肉，用叉子按压成泥状。

③ 倒入番茄块、洋葱碎、墨西哥辣椒碎和香菜碎，加粗盐、柠檬汁、黑胡椒搅拌均匀即可。

人人都爱大拌菜汁

食材

○ 蒜 3 瓣
○ 小葱 2 根
○ 白芝麻 5 克
○ 植物油 40 毫升
○ 生抽 3 汤匙
○ 醋 2 汤匙
○ 花椒 3 克
○ 糖 3 克
○ 盐 2 克

做法

① 将蒜剁成蒜末，小葱切成葱花。
② 将蒜末、葱花、白芝麻倒入碗中，锅中放入植物油，油热后放入花椒炸香，滤掉花椒后将油倒入碗中。
③ 加入生抽、醋、糖和盐搅拌均匀即可。

烤猪肋排：
肉食爱好者大满足的吃法

场合 / 正餐·主食　　**用时** / 6 小时 + 2 小时

很多人买了烤箱，却一次都没有用过。做甜点？材料太复杂，还要买打蛋器、电子秤、刮刀等各种工具。烤鸡？腌制很麻烦，而且一不小心肉就被烤老了。烤吐司片？要提前预热，还不如直接用更方便的吐司机。

而烤肋排是非常适合新手的烤箱入门菜，因为上下都有锡纸包裹，不用担心表面会焦糊。腌制也很简单，直接抹烧烤酱放冰箱过夜就行。如果嫌自己制作烧烤酱麻烦，还可以直接购买市售的烧烤酱，直接从第 5 步开始即可。

烤箱的加热效率没有普通锅高，加热时间都会比较长。对于肋排来说，软烂脱骨最好，不怕烤过头。

特殊厨具准备 烤箱、煮锅或炒锅

主料 ——
○长猪肋排 4 根

调味料 ——
○香油 3 汤勺　○蒜 半个　○姜 10 克　○洋葱 1/4 个　○苹果 半个
○红酒 100 毫升　○酱油 150 毫升　○盐 10 克　○糖 60 克
○蜂蜜 40 克　○熟白芝麻 3 汤勺　○淀粉 1 汤勺

做法

① 蒜、姜、洋葱切末，苹果切碎，白芝麻碾碎。

② 锅烧热，放香油，倒入蒜末、姜末、洋葱末，小火炒出香味。

③ 倒入苹果碎，翻炒约 2 分钟，加入红酒。

④ 倒入酱油、盐、糖、蜂蜜、白芝麻碎，大火煮开，小火煮约 10 分钟，视浓稠度决定是否用淀粉增稠。

⑤ 晾凉后即可放肋排腌制，将腌汁和肋排放密实袋，冷藏腌一晚。

⑥ 取出后，烤箱设置成 180℃，肋排加盖锡纸（哑光面接触食物）烤 1.5 小时，中途要记得给肋排翻面，如果成色不够，最后拿走锡纸再烤半小时。

用烤箱做软烂烤肉

想吃软烂脱骨的肉，除了炖煮，使用烤箱也是很省事儿的办法，而且味道会更香浓。一般来说，烤肉时家用烤箱设置在 170℃ ~180℃，适用于烤制肋排、小排、梅花肉等，盖上锡纸，视肉的薄厚一般需要 20~60 分钟时间。如果需要另外上色，比如制作烤鸡时，则可以在最后阶段将烤箱上调至 200℃ ~220℃，再多烤 10 分钟。

勃艮第红酒炖牛肉：
以酒入肉，醇香不醉人

场合 / 正餐 · 主食　　　**用时** / 6+3 小时

红酒炖牛肉是法餐中的一道代表菜，然而最原始的红酒炖牛肉却与大家印象中的法餐的优雅与浪漫没什么关系。红酒炖牛肉是勃艮第地区农民的传统菜肴，他们将牛肉与蔬菜浸在当地出产的勃艮第红酒中，连锅一起放入火炉中炖烤几个小时，直到汤汁浓黑，酒香与肉香融合，再搭配土豆或者面包食用。

这道菜因为需要连锅一起放入烤箱，因此最适合用耐高温的铸铁锅。如果没有适合放入烤箱的锅，也可以在灶上直接炖煮，但需要经常翻动以免糊锅。

特殊厨具准备　　烤箱、炖锅（铸铁锅）

主料 ——
○牛腱子肉 500 克　○洋葱 半个　○胡萝卜 1 根　○培根 2 片
○小洋葱 4 个　○蘑菇 4 个　○黄油 10 克　○橄榄油 2 汤匙
○欧芹叶 适量

调味料 – 腌制用 ——
○勃艮第黑皮诺红酒 400 毫升　○欧芹茎 2 根　○月桂叶 1 片
○百里香 2 枝　○蒜 2 瓣

调味料 – 汤用 ——
○黄油 40 克　○百里香 1 支　○高汤 600 毫升　○盐 3 克
○黑胡椒 2 克　○肉桂粉 2 克

做法

① 欧芹茎、月桂叶和百里香捆
扎成一束，蒜瓣去皮后切碎，
牛肉、洋葱、胡萝卜切块。

② 将①中的食材都放入容器中并
加入红酒，加盖冷藏一夜。

③ 取出腌制好的牛肉，分离出汤汁，挤出牛肉多余的水分，用厨房纸擦
干表面，以盐、黑胡椒调味。在煎锅中放黄油和橄榄油加热，将牛肉
煎至表面金黄，盛出备用。

④ 将前面冷藏的蔬菜（香草束除外）倒入锅中煎香。

⑤ 将牛肉、蔬菜、香草束和滤出的汤汁放入珐琅锅内加热，加入番茄膏、蒜泥、牛肉高汤，搅拌均匀并煮至沸腾（如有浮沫，用勺子滤出）。放入160℃的烤箱中烤约2.5小时。

⑥ 培根切成段，小洋葱去皮再剥掉一层，蘑菇切片。烤箱时间到后，煎锅内加少量黄油，将培根煎香，加入小洋葱和蘑菇，煎2~3分钟，倒入珐琅锅中，煮至汤变浓稠，以盐、黑胡椒碎调味，撒上欧芹叶即可上桌。

① **葡萄酒在西餐中的作用**

　　勃艮第是法国生产红酒的一个大区，这道当地食谱也融合了酒的元素。以红葡萄酒腌肉，除了能将酒本身带有的果木香渗入到肉的肌理中，还能起到去腥的作用。

　　红、白葡萄酒在西餐中的应用很广泛，除了腌制，还可以直接烹饪，通常用来"脱釉（Deglaze）"，也就是将锅底的蔬菜、肉类精华残渍以高温加酒的方式，从锅底"洗掉"，将味道融入到酱汁中。

② **牛肉要先煎一下**

　　牛肉块先煎后炖，除了美拉德反应能让牛肉味道更具有焦香，也能在牛肉表面形成一层保护膜，将牛肉的汁水牢牢锁在肉里面。

③ **香草束的使用**

　　在这道食谱中，我们按照经典配方加了法式香草束，也就是欧芹茎、百里香和月桂叶（或鼠尾草）的混合。这种香草束不需要多，每种只需要一两枝，就能让汤汁富有香草气息，作用和我们炖肉的时候放的肉桂、八角等类似。但由于香草烹饪过久会变苦，所以一般会先用线绳捆绑在一起，形成像花束一样的形状，便于入味之后立即整体取出。

牛肉常见部位区分

牛肉分解图

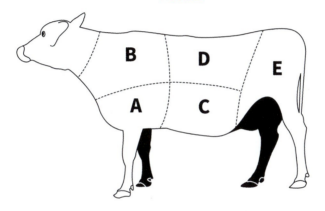

A 前腿： 金钱腱、辣椒肉

B 肩胛： 肩肉、脖肉

C 腹部： 腹肉、肋条肉

D 脊背： 里脊、外脊、眼肉、上脑

E 后腿： 后腱子、霖肉、米龙、黄瓜条

前腿

牛的前腿和后腿的肉质都比较瓷实。我们常说的金钱腱就位于牛的前腿肚子部分，最佳烹饪方式莫过于做酱牛肉。（做酱牛肉最省时省力的方法就是用高压锅，但是要注意使用安全。）

辣椒肉是前腿部分稍微嫩点的肉（因为形似辣椒），这种嫩肉很适合炒或涮。

肩胛

肩胛部是牛平时运动比较多的部位，肉质纤维比较粗，肌肉多，有很多筋膜，因此烹饪难度较大。这部分的牛肉通常适合做馅儿或是烧、炖、酱。

腹部

牛腹肉即我们常说的牛腩肉（如下图），有肥有瘦，以瘦肉为主。最经典的吃法就是番茄炖牛腩，市场里一般能直接买到切好块的牛腩肉。牛腩比较难熟，想要炖得入味、软烂，一定要有足够的时间。除了炖煮，牛腩还适合黄焖或烧烤。

腹部还有肋条肉，即肋排骨中间的肉。肋条肉脂肪分布均匀，肉厚实，适合炖煮。

脊背

　　脊背是牛肉中最细嫩的地方。脊肉有里脊和外脊（也叫西冷）之分，基本都没有脂肪，适合炒或烧烤，在西餐里也经常用来切成牛排煎着吃。

　　除了里脊和外脊，脊背部分的眼肉（因为剖面形似眼睛得名）和上脑（如下图）也经常出现在牛排菜单里。眼肉有较匀称的脂肪沉积，从外表上可以看到漂亮的大理石花纹，吃起来鲜嫩可口。上脑也有一定的脂肪，除了炒，还适合作为火锅涮肉。

后腿

　　后腿和前腿的口感以及吃法差不多，后腱肉通常用来做酱牛肉。

　　此处所说的牛后腿还包括牛臀肉。臀肉比腿肉更嫩，市场里经常看到的霖肉（如下图）、米龙、黄瓜条都在这一区域。这些部位的肉质细腻润滑，可以直接炒着吃，也可以做烧烤或牛肉干。

奶油意面：
奶油和意面才是绝配

场合 / 正餐·主食　　**用时** / 20 分钟

　　意大利面是用特殊的杜兰小麦粉制成的，这种小麦蛋白质含量较高，也就是比较"硬"，因此意大利面都非常筋道，久煮不烂。正宗的意大利面要讲究"al dente"口感，即中间有一点点半生不熟的口感，才是意大利人最喜欢的。但对于我们的"中国胃"来说可能会不适应，还是煮到全熟为好。

　　意大利面有上百种不同的形状，我们所熟悉的圆形面条叫作spaghetti，是市面上最常见的干意大利面。对于意大利人来说，不同的酱汁要配不同形状的意大利面吃，但在我们这儿，规矩没有这么多，随意就好。

主料 ——
○意面 150 克　○口蘑 4 个　○培根 2 片　○欧芹 10 克
○盐 1 汤匙

调味料 ——
○黄油 10 克　○洋葱 1/4 个　○蒜 1 瓣　○奶油 200 毫升
○高汤或温水 50 毫升　○帕玛森奶酪 50 克　○盐 1/4 茶匙
○黑胡椒 1/4 茶匙

做法

① 口蘑切片，培根切小块，蒜切末，洋葱切细碎，欧芹（只取叶子部分）切碎。

② 培根放锅中煎至上色，取出放厨房纸上吸油；然后放口蘑片煎至变软。

③ 锅中放水，并加一汤匙盐（让意面味道更好），水煮开后放意面，煮 8~12 分钟，喜欢软一点的可以煮 15 分钟，熟了后盛出沥干水，拌一点点橄榄油防粘。

④ 锅中放入黄油，中火放洋葱炒至透明，然后加蒜末炒香，无须炒得过焦。

⑤ 倒入奶油和高汤，小火搅拌，蒸发水分煮至浓稠。

⑥ 关火，放入意面，拌匀，加盐、黑胡椒、奶酪碎、欧芹碎、培根、口蘑搅拌。

① **判断意面是否煮熟**

　　判断意面是否熟透，有趣的传统方式是将意面甩到墙上，如果能粘住，则说明煮熟了。而我们日常判断的方式很简单：拿出一根面，咬断尝一下，如果没熟会感觉硬且有生面粉味。如果用肉眼辨识，则要看面的内芯是否带有白色，如果有则还未断生，需要再煮一会儿。

② **口蘑的清理**

　　口蘑外观有很多灰褐色的"斑"，看起来像沾了不少泥土，很难洗干净。除了直接清洗，如果想得到更美观的口蘑，还可以用厨房纸沾水进行擦拭。

衍生食谱

两种意面酱

青酱

食材

- ○ 新鲜罗勒 200 克
- ○ 橄榄油 60 毫升
- ○ 熟松子 50 克
- ○ 蒜 5 瓣（拍碎）
- ○ 帕玛森奶酪 80 克（擦丝）
- ○ 盐 2 克
- ○ 黑胡椒 1 克

做法

① 取下罗勒的叶子部分，和其他食材放入搅拌机拌匀即可。

② 或者准备石臼，将蒜捣碎，再逐渐加罗勒叶和其他食材，混合橄榄油捣碎。

红酱

食材

- ○ 肉馅 200 克
- ○ 番茄碎 250 克
- ○ 洋葱 半个（切碎）
- ○ 蒜 3 瓣（切碎）
- ○ 橄榄油 2 大勺
- ○ 罗勒碎调味料 3 克
- ○ 盐 2 克
- ○ 黑胡椒 1 克

做法

① 锅中放橄榄油，炒香洋葱，然后放蒜末、肉馅，炒至上色，放番茄碎。

② 翻炒 2 分钟左右，放罗勒碎调味料、盐、黑胡椒调味。

补充知识

番茄制品区分

　　多年前跟一位刚从美国回来的朋友吃饭。在一家美式餐厅，他指着菜单哈哈大笑说：这不是正宗的美国菜，美国人从来不说 tomato sauce 配薯条，应该是 ketchup 才对。

　　这两年北京的进口超市越来越常见，在里面的调料货架上能同时看到写着"tomato sauce"的罐头和写着"ketchup"的瓶子。还有 tomato paste 和其他各种样子的番茄罐头。新世界的大门打开，伴随而来的是诸多的困惑：这些都有什么区别？我应该买哪个？

　　下面就来介绍一下这几类主要产品的区别。

番茄罐头

从左到右依次为整番茄、碎番茄和樱桃番茄

从左到右依次为打开后的整番茄、碎番茄和樱桃番茄罐头

　　番茄罐头是意大利人的发明。意大利人出了名的热爱番茄，但新鲜番茄只在夏天才有，于是就有了番茄罐头。

　　番茄罐头种类很多，根据使用的番茄不同可分成（普通）番茄罐头、圣女果番茄罐头、黄番茄罐头等，根据番茄果肉的切碎程度不同有整个番茄、番茄碎、番茄泥等。番茄罐头的成分就是新鲜番茄，有的会加入盐和柠檬酸以抑制细菌繁殖。但总的来说，番茄罐头不是直接吃的，一般作为烹饪原料使用。

　　问题是，现代农业的大棚使得番茄早就成为四季都可以买到的普通蔬菜了，为什么还需要罐头呢？

　　我觉得主要有两点原因：一是番茄罐头多数使用产自意大利的罗马番茄或圣马扎诺番茄，这两种番茄皮薄、味浓、籽少，与中国的番茄在味道上有区别，所以做意大利菜时用番茄罐头往往能还原更正宗的味道。二是方便，新鲜番茄买回来要清洗，还要用开水烫掉皮，接着还要切，罐头则方便很多。

　　不过，由于番茄罐头经过热处理，所以会过于绵软，不能用在糖拌西红柿之类的凉菜里。最适合它的，是各种需要长时间煮制的炖菜，以及各类以番茄为基底的自制酱料。

番茄膏的外包装常常会被误认为是迷你版的番茄罐头，但其实两者差别很大。

意大利番茄膏的传统做法是将番茄泥在木板上涂上厚厚一层，然后在西西里岛的阳光下晾晒，直到可以团成一个深红色的球为止。现在我们能买到的番茄膏一般是将番茄煮上好几个小时将水分蒸发后而成。

虽然都是纯粹的番茄制品，番茄膏的质地与番茄罐头明显不同，它倒不出来，一般得用勺子挖。而且番茄膏浓度特别高，一小罐就可以将一大锅肉酱染成鲜艳的红色，一般用小勺挖一点就够用。另外，番茄膏不需要长时间炖煮就能释放出番茄的味道，特别适合懒人料理。

有些品牌的番茄膏里面会加入香料，比如洋葱、蒜、罗勒、百里香等意大利菜常用的配料，但一般不会放盐。所以它依然是一种烹饪原料，不能直接吃。

tomato sauce，质地较稀

tomato ketchup，比 sauce 稠，是我们最熟悉的番茄酱

相比以上两类纯番茄制品，番茄酱更像是已经用盐、醋等调过味的半成品或成品。

虽然翻译到中文都叫番茄酱，但英语里 tomato sauce 跟 ketchup 之间还是有区别的。总的来说，sauce 是热着吃的，可浇在食物上面或拌着食物吃，是一道菜的重要组成部分，犹如糖醋里脊里的糖醋汁儿；而 ketchup 是独立于菜肴之外的、可以为主菜增加更多风味的可选项，就好像米线店里的油辣子一样。

这种区别在 tomato sauce 和 ketchup 的配料表上也能体现出来。因为 ketchup 是可以直接吃的，为了调和大众口味，相对来说口味比较重，有添加剂；而 tomato sauce 一般会少盐甚至无盐，添加剂也相对来说更少一些。

用法总结

我想做糖拌西红柿，或者我做菜不嫌麻烦 → 新鲜番茄；

我想做意大利菜，或者做其他菜需要炖番茄 → 番茄罐头；

我也想做楼上那种，但我懒 / 想快点出锅 → 番茄膏；

我比楼上还懒，能不能随便热一下就可以吃 → tomato sauce；

我只是想蘸薯条，或者炒菜调味用 → ketchup。

自制番茄酱

如果你担心买的番茄酱里面有太多添加剂，自己做是一个不错的主意，小小一罐能吃很久，而且健康又美味。

用料： 新鲜番茄 3 个、洋葱小半个（可选）、蒜 2 瓣（可选）、盐、白醋、糖

① 将番茄洗净，在顶部划十字。放入开水中泡一小会儿，剥皮。剥了皮的番茄去蒂、去籽，切成碎粒。

② 洋葱和蒜都尽量切碎。锅中放一点点油，放入洋葱翻炒，炒到透明后放蒜末炒出香味。

③ 加入番茄碎，一边炒一边用锅铲把大块番茄碎都碾碎。不停翻炒20~40分钟，直到酱汁浓稠、均匀。根据自己的口味加入盐、白醋、糖。出锅，密封保存（如果想要顺滑的口感，可以用料理机再打碎一遍）。

常备菜便当：
解决边角料的健康方式

场合 / 正餐·主食

常备菜主要分为以下 4 种:

1 浅渍蔬菜或沙拉

这类菜保存期限是 2~3 天，可一周做两次，每次做两三种。比如浅渍包菜、浅渍黄瓜、腌渍西蓝花等。

2 炖煮的肉类或容易吸味的根菜菌菇等

这类菜品保存期限稍长，可以保存 4~5 天，一周做一次就可以。做的时候稍微多放一些盐和糖，可以起到一定的防腐作用。比如日式牛肉饭上面的炖煮肥牛或卤蛋、卤肉。

3 发酵的泡菜或酱菜

发酵类的泡菜一般可以保存很长时间。在微生物的作用下，食物原本的成分被分解转化，不但能形成独特的发酵风味，还能给身体提供有益菌。朝鲜族泡菜、四川泡菜都属于长期发酵的泡菜。

4 半成品或可冷冻保存的成品

把食物做成半成品或可以冷冻保存的成品，比如肉饼、鱼饼、肉丸、意式肉酱等，它们保存的时间相对较长，为 7~15 天。这类菜在日式便当中也很常见，日本主妇很喜欢做一些炸物并冷冻保存在冰箱当中，吃之前回锅复炸一遍，省时省力且增添美感。

甜橙渍红白萝卜丝

酸甜爽口、富有果香的橙汁与清新爽脆的萝卜搭配在一起，即便只有简单的调味，也能开胃。用玻璃密封罐冷藏保存，可保存 3~5 天。

主料 ——

○白萝卜 350 克　○胡萝卜 100 克　○橙子 1/2 个

调味料 ——

○糖 6 克　○白醋 5 毫升　○盐 6 克　○味精 1 克
○辣椒面 3 克

① 将白萝卜、胡萝卜分别洗净去皮切成丝，橙子挤橙汁备用。

② 取一个小碗，依次放入橙汁、糖、白醋、盐、味精和辣椒粉搅拌均匀。

③ 把切好的萝卜丝放入密封的容器中，淋上调好的酱汁拌匀，密封冷藏即可。

梅菜菌菇烧鸡

　　香味独特的梅干菜搭配易下饭的鸡腿肉、土豆、菌菇等食材，适合作为便当主菜。在密封盒中冷藏保存，可保存 3~5 天。

主料 ——
○鸡腿肉 700 克 　○香菇 100 克 　○蟹味菇 100 克
○白玉菇 100 克 　○土豆 100 克 　○胡萝卜 100 克
○梅干菜 15 克

调味料 ——
○姜 15 克 　○油 15 毫升 　○芝麻油 5 毫升 　○酿造酱油 20 毫升
○老抽 5 毫升 　○糖 15 克 　○盐 5 克 　○料酒 10 毫升

① 将土豆、胡萝卜、鸡腿肉切块，姜切丝，梅干菜洗净用温水浸泡 5 分钟，沥干水分备用。取一个小碗，依次放入酿造酱油、老抽、糖、盐、料酒，调匀。

② 锅中放油，烧热之后放入鸡腿肉煎 2 分钟左右，加入土豆、胡萝卜和各种菌菇翻炒 2 分钟。

③ 放入姜丝和梅干菜继续翻炒 2 分钟，放入调味汁，翻炒 1 分钟加水至食材一半高度，盖上锅盖中小火炖煮 10 分钟左右，开盖转大火收汁，淋入芝麻油即可。

韩式辣萝卜块泡菜

　　萝卜块泡菜做好后隔天即可食用，时间越久，发酵风味越足。在密封罐中冷藏保存，可保存 15 天以上。

主料 ——

○白萝卜 500 克

调味料 ——

○盐 7 克　○糖 7 克　○鱼露 15 毫升　○葱 15 克　○蒜 10 克
○韩式辣椒粉 20 克

① 将白萝卜去皮，切成约 3 立方厘米的小块，放入盐和糖搅拌均匀，腌渍 30 分钟。同时准备酱料：葱、蒜切碎，放入一个大碗中，再依次放入鱼露和韩式辣椒粉搅拌均匀。

② 把腌渍出的水倒入一个小碗中，剩下的萝卜放入拌好的酱料中，加入 1 小勺腌渍出的萝卜汤汁搅拌均匀。

③ 拌好的萝卜放入干净的密封罐中，并用力挤压出里面的空气，密封好后发酵 1~2 天。

脆骨豆腐牛肉饼

　　捏成型的牛肉饼可直接冷冻，吃之前煎熟，非常方便。因为加入了豆腐和鸡脆骨，不仅热量更低，口感也更独特。用密封袋冷冻保存，可保存 7~10 天。

主料 ——

○鸡脆骨 100 克　○北豆腐 100 克　○牛肉馅 300 克

调味料 ——

○葱 10 克　○姜 5 克　○酱油 10 毫升　○五香粉 3 克
○黑胡椒粉 2 克　○糖 5 克　○盐 3 克　○芝麻油 5 毫升
○料酒 5 毫升　○鸡蛋 3 个　○面粉 100 克　○面包糠 200 克

① 将鸡脆骨放入料理机中打碎，北豆腐略挤干水分，葱、姜切成末。

② 取一只大碗，放入牛肉馅、鸡脆骨、北豆腐和葱姜末搅拌均匀，再依次放入酱油、料酒、盐、糖、五香粉、黑胡椒粉、芝麻油和 1 个鸡蛋，戴上手套顺时针搅拌均匀。依次将肉馅捏成巴掌大小的椭圆型肉饼。

③ 取一只碗，打入剩余的 2 个鸡蛋，搅拌成蛋液，再取两只碗分别放入面粉和面包糠。将捏好的肉饼依顺序分别裹上面粉、蛋液和面包糠。

④ 在平底锅中放适量油，放入肉饼用中小火煎熟。或将捏好的肉饼放入密封袋中冷冻保存，食用时无须解冻，小火煎熟即可。

四道便当的组合

Group01

杂粮米饭
切片樱桃萝卜
梅菜菌菇烧鸡
甜橙渍红白萝卜丝
韩式辣萝卜块泡菜
水煮西蓝花

Group02

饭团
甜橙渍红白萝卜丝
脆骨豆腐牛肉饼
水煮西蓝花
黄瓜

Group03

杂粮米饭

梅菜菌菇烧鸡

甜橙渍红白萝卜丝

脆骨豆腐牛肉饼配番茄酱

黄瓜

小番茄

Group04

杂粮米饭

紫苏拌饭料

梅菜菌菇烧鸡

甜橙渍红白萝卜丝

韩式辣萝卜块泡菜

水煮西蓝花

便当常备菜

　　每天上班的人们吃腻了外卖时，往往会想亲手制作午餐便当，却总因为早上时间紧张而放弃。这时，冰箱常备菜就成了制作便当省时省力的秘密武器。周末提前制作几道可口常备菜，合理地分装保存在冰箱里，这一周的便当就都有了。

　　常备菜多由丰富的食材做成，刚做好时美味绝伦，过几天再吃会更加入味。事先多做一些，冷藏或冷冻起来，吃之前从冰箱里取出，就能在短时间内做出一整套丰富的便当。

第四章

大展身手——
让人忍不住"哇"
出来的轰趴菜

这是一个"独乐乐不如众乐乐"的章节。

如果你不仅享受下厨的乐趣，还喜欢和家人、朋友一起分享，那么这6道菜正合你意。称它们为"轰趴菜"，是因为三个特点：一次烹制，多人分享；外观吸睛，适合拍照；好吃饱腹，营养均衡。

本章的西班牙海鲜饭、法国乳蛋饼、越南春卷、日式寿喜锅、墨西哥塔可饼、美式比萨，无论在哪个国家，都是能够让人为之惊叹的菜式。这些食谱，我们遵循了菜肴发源地的做法，比如，西班牙海鲜饭做了巴伦西亚（Valencian）的版本，加了特色口利左香肠（chorizo）；乳蛋饼用了法国洛林（Lorraine）地区的方法，以培根和奶酪增加香味；寿喜锅则选择了接受度高且更方便的关东做法。

这几道菜的准备可以分成两个步骤：首先要自己事先准备食材，比如，比萨用的面团、寿喜锅用的高汤、乳蛋饼用的派皮；第二步是需要做菜前完成的准备工作，比如，准备乳蛋饼和比萨的铺料、寿喜锅的蔬菜。强烈建议你和朋友一起完成第二步的准备工作，既能提高准备效率，也能作为聚会的一个环节，增强参与感。

人手一只，便于分食的独立料理

越南春卷：
颜值极高的开胃菜

场合 / 正餐 · 主食　　用时 / 20分钟

春卷的英文名是"spring roll"，虽然是从中文直译，但食物本身已经不是中餐专有。美国、东南亚、澳洲、欧洲都有名为 spring roll 的小吃，各有不同。比如，到了越南，和我们常吃的炸春卷类似、包着面皮裹着肉馅的食物，名字却成了"蛋卷"（egg roll），据说这是中国春卷在美式餐厅改良后又传到了越南。

在所有这些春卷里，如果评选全球社交网络上最火的一款，越南春卷肯定独占鳌头。因为它颜值高，清爽又健康。

越南春卷的颜值全靠越南米纸皮来体现。我们买回来的米纸皮是一张又硬又薄的圆饼，一沾水就变成软而透明的米纸，能将鲜艳的颜色都透出来。传统的越南春卷是包入虾仁的，但你也可以自由发挥，我们包的胡萝卜黄瓜、三文鱼牛油果是不是也很好看？

主料 ——
○越南春卷皮 10 张　○越南米粉 50 克　○生菜 1 把
○香草（薄荷或罗勒）40 克　○胡萝卜 1 根　○黄瓜 1 根
○秋葵 100 克　○大虾 6 只　○三文鱼片 100 克　○牛油果 1 个

调味料 – 酱料① ——
○清水 75 毫升　○花生酱 50 克　○海鲜酱 70 克
○白醋 1 汤匙　○碎花生

调味料 – 酱料② ——
○鱼露 50 毫升　○清水 150 毫升　○糖粉 35 克
○小米辣 1 根　○蒜 3 瓣　○青柠 1 个

做法

① 将生菜洗净、沥干，黄瓜
切片、胡萝卜切丝，秋葵
焯水后沥干切段。

② 大虾去虾线，煮至变色，剥
皮，然后横剖成两半待用。

③ 水开后煮米粉 4~5 分钟，
然后过凉水（最好是冰水）。

④ 制作春卷（可按个人喜好
搭配）。

酱料①做法

将花生酱加清水搅拌成糊，再加海鲜酱、白醋、花生碎。

酱料②做法

把鱼露、水、糖混在一起，蒜切末，青柠挤汁，辣椒切圈，放冰箱冷藏 2 小时。

美味秘诀

越南春卷的组装

越南春卷风靡世界，与其美观性密不可分，高颜值的关键就在于"卷"的技巧。食材都备好后，先将春卷皮沾水，放在砧板上，在靠近自己的半边垫上生菜，然后堆叠香草、米粉及其他蔬菜（如黄瓜和胡萝卜）；另外半边放上想展示出来的食材（如虾仁、三文鱼、牛油果、秋葵）。卷的时候要从蔬菜端开始卷，卷到虾仁之前，中途要将春卷皮两边折进去，最后把剩余部分卷上即可。

三文鱼牛油果塔可饼：
把墨西哥风情带回家

场合 / 正餐 · 主食　　**用时** / 60 分钟

塔可饼（taco）是墨西哥的一种传统食品，当地人习惯用由小麦粉或玉米粉做成的墨西哥薄饼（tortilla）卷鱼吃，后来被西班牙殖民者改良。现在的塔可饼也多了牛肉、鸡肉、猪肉等口味，加上各种蔬菜卷成 U 字型，并配上牛油果酱、辣椒酱、萨萨酱（以碎番茄为主）等酱汁。

塔可的面饼有两种，软饼柔润，硬饼酥脆，因为常常用粗粮玉米面制作面饼，且少油少糖，塔可饼往往被认为是健康食品的代表。

特殊厨具准备　煎锅、烤箱、硅胶垫

饼皮 ——
○高筋面粉 100 克　○玉米面 100 克　○盐 1/4 茶匙
○酵母 2 克　○橄榄油 2 汤匙　○温水 110±10 毫升

填料 ——
○希腊酸奶或酸奶油 100 克　○烟熏三文鱼 200 克　○牛油果 1 个
○芝麻菜 1 把　○小黄瓜 半根　○青柠汁 适量　○海盐 3 克
○黑胡椒碎 2 克

① 过筛高筋面粉和玉米面，加入酵母、温水和橄榄油，用刮刀拌匀，再加盐揉成面团，放入容器中，盖上保鲜膜，醒 40 分钟。

② 面团切成 6~8 等分，滚圆后盖保鲜膜静置 10 分钟。将静置后的面团擀成约 0.2 厘米厚的圆片，如果太黏，可以撒上少量面粉。

③ 不粘锅内开中火，放入面饼，起小气泡就可以迅速翻面，10 秒后即可出锅。

④ 将烙好的玉米塔可饼用棉布或保鲜膜盖好，保持湿度。

⑤ 烤箱预热 180℃备用，将玉米塔可饼放在烤架上形成 U 型，入烤箱烤约 3 分钟至酥脆。

⑥ 将牛油果去皮后切片、芝麻菜洗净、小黄瓜切片。在玉米塔可饼上抹上希腊酸奶，放上烟熏三文鱼，将牛油果片、芝麻菜、小黄瓜片、青柠汁、盐和黑胡椒碎混合，用汤匙舀到三文鱼上即可。

在塔可饼的制作上发挥创意

　　这道食谱中，加入三文鱼、牛油果、芝麻菜、黄瓜片是比较有新意的一种搭配。学会了饼皮的制作后（如果想吃软的饼皮，可不烤脆），馅料完全可以按照自己喜欢的方式制作，比如，经典的烤虾与甘蓝丝、烤鸡块与杧果丁、烤牛排与番茄碎等。

聊天、备餐两不误，把烹饪交给烤箱

洛林乳蛋饼：
法国东北地区传统美食

场合 / 正餐·主食　　**用时** / 70 分钟

乳蛋饼（quiche）是一种法式咸派，以法国洛林地区的做法最为流行，即派皮中加入蛋液、奶油、猪油（后被培根代替）等一起烤制。现在也有直接以糖代替盐，或在原基础上加入菠菜、番茄、蘑菇、西葫芦等蔬菜的做法。

不像我们的豆花，"甜党""咸党"天天"掐架"，法国人对于甜咸两种口味是秉着兼收并蓄、和谐共存的态度的，甜派当下午茶吃，咸派就在早午餐吃，反正都好吃。

特殊厨具准备 8寸派盘、擀面杖、擦丝器、烤箱、硅胶垫

面团 ——
○低筋面粉 160 克　○盐 3 克　○黄油 80 克　○蛋液 45 克

乳蛋液 ——
○鸡蛋 1 个　○蛋黄 1 个　○牛奶 125 毫升　○奶油 125 毫升
○盐 1/2 茶匙　○胡椒粉 1/4 茶匙

馅料 ——
○切达奶酪 50 克　○大葱 1 根　○培根 3 片　○西葫芦 1 根
○樱桃番茄 4 个

做法

① 制作派皮。黄油切丁，与面粉、盐混合均匀后，搓成粗粒状。加入蛋液，揉成团，冷藏 30 分钟。

② 将面团擀成 5 毫米厚的面皮，铺在派盘上。用手指轻轻按压派皮，使其紧贴派盘，然后用擀面杖将多余的派皮去掉，扎上小孔。

③ 将保鲜膜铺在面皮上，装入大米或豆子烤 10 分钟至定型。然后将豆子或大米拿出来，再烤 5 分钟至上色。

④ 番茄切片,加盐腌一会儿,以吸取表面水分; 芦笋去掉根部,西葫芦切片, 大葱切葱花。

⑤ 培根切小块,煎至上色,沥油。烤箱预热 170℃ 。

⑥ 乳蛋液：将鸡蛋、牛奶、奶油用手动打蛋器搅匀，加盐、黑胡椒调味。

⑦ 堆派：放 2/3 的葱花、培根、奶酪。

⑧ 将乳蛋液倒入至8分满，再放剩余的葱花、培根、刨丝奶酪，烤10分钟，
至表面稍微凝结后，放西葫芦、樱桃番茄，再烤10分钟。

派皮的制作要点

　　用来制作乳蛋饼挞壳的是一种酥皮面团，富含黄
油与鸡蛋的香气。制作时，双手最好保持比较凉的温
度，否则面团很容易融化，难以成型。如果面团开始
软化，可以放冰箱冷藏一会儿，再拿出来制作。烘烤
时需要经过"二次烘焙"，第一次进烤箱需要压上烘
焙石或大米、豆类等，目的是让挞壳定型，避免中间
膨胀；第二次则是为了将塔壳烤透。

美式比萨：
简单发酵的自制面团，比连锁店好吃

场合 / 正餐·主食　　　**用时** / 80 分钟

　　比萨起源于意大利，传统的意大利比萨饼底是薄底、脆皮，上面的配料不会超过 3 种，也不一定加奶酪，吃的是面饼的自然香味，比较像抹了番茄酱的大饼。

　　在我国更常见的是美式比萨，饼底稍厚，上面的配料五彩缤纷，蔬菜、肉类应有尽有，还有标志性的拉丝奶酪，是特别适合朋友聚会时享用的"大菜"。

特殊厨具准备　8 寸圆烤盘、擀面杖、炒锅

主料 - 面团 ——
◯酵母 3.5 克　◯温水 163 毫升　◯高筋面粉 250 克
◯盐 1/2 茶匙

主料 - 填料 ——
◯青椒 1 个　◯红椒 1 个　◯玉米粒 50 克　◯蘑菇 3 个
◯培根 2 片　◯萨拉米肠 12 片　◯马苏里拉奶酪 100 克

调味料 ——
◯橄榄油 2 汤匙　◯洋葱 1 个　◯蒜 2 瓣　◯番茄碎 400 克
◯牛至碎 5 克

做法

① 做面团，将高筋面粉、酵母和盐混合。

② 将温水倒入面粉中，混合以后用手揉成团至光滑，分成2份，盖上保鲜膜发酵半小时至2倍大。

③ 将蘑菇切片，青椒、红椒切条，分别放少许盐析出水分，然后沥干。

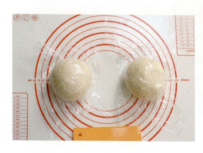

④ 将培根切片，然后放锅中煎至焦香，取出用厨房纸吸油。

⑤ 做酱。洋葱、蒜切碎，用橄榄油炒香后放碎番茄，捣碎番茄、洋葱，加速成糊；如果还没成糊状，水又快要烧干的话，可加入适量的水。加牛至碎调味，熬成酱状。

⑥ 将面团拍扁，用刮刀切成 2 个，揉成扁圆状，盖保鲜膜放 15 分钟。烤箱预热 180℃。

⑦ 将面团擀平，派盘上撒上面粉，将面团放入派盘，用手指将面团按平实，在面团上叉若干气孔，抹上 2 大勺酱，放萨拉米肠、培根、奶酪、蘑菇、青椒、红椒和玉米粒。

⑧ 放入烤箱前撒一层马苏里拉，烤 20~25 分钟至表面上色。

美味秘诀

比萨面团的制作要领

比萨面团用高筋面粉或中筋面粉都能做，书中这道食谱用的是高筋面粉。如果换低筋面粉，水需要减少 10~20 克。在混合面团用料时，酵母和盐分别先放两边，否则加入温水后，盐会杀死酵母。水放入面团后，用手揉匀即可，刚开始可能揉得比较乱，可以借助碗壁成形，揉至外观光滑时就可以开始发酵。

奶酪和奶酪制品

　　在超市采购的时候，总能看到货架上有好多奶酪，大大小小十几种，很多看着都类似，很难区分。

　　奶酪是一种发酵食品，营养价值高，富含蛋白质、脂肪、钙、磷。很多国家都有自己的特色奶酪，比如我国的奶疙瘩、奶豆腐。在西方，奶酪更是主流食品。

　　从专业角度说，西式奶酪可以按质地和含水量分为软质、半软质、硬质、半硬质奶酪；按原料分为牛奶奶酪、水牛奶酪、山羊奶酪、绵羊奶酪等；按熟度和工艺分为新鲜奶酪、软质成熟奶酪、硬质成熟奶酪、蓝纹奶酪等。

但很多奶酪并非国内常见品种，为了将生活中常见的奶酪进行更明确、更实用地分类，本文将按照吃法给奶酪分类。

吃比萨用什么奶酪？

马苏里拉

马苏里拉奶酪原产地是意大利南部城市那不勒斯和坎帕尼亚，正宗的马苏里拉奶酪是用水牛的奶做成的，因此也被成为水牛奶酪。但是现在也用普通牛奶制作。

市面上常见的马苏里拉奶酪有两种形状，一种是球状，一种是碎丝状。前者为了保证新鲜，一般要保存在乳清中，开封后要在一星期内食用完毕；后者更为常见，奶味足，口味比较容易被接受。

马苏里拉奶酪加热后会产生拉丝，这是比萨的关键食材。在家自制比萨时，基本是按照饼底—底料酱—主料肉蔬—奶酪这 4 个步骤完成。

马苏里拉奶酪颜色纯白或带微黄，口感微酸带甜，是接受度比较高的奶酪。

除了马苏里拉奶酪，一些硬质奶酪和气味比较大的奶酪也可以加到比萨中。意大利有一种叫作 Quatro Formaggi（四种奶酪）的比萨，就是由马苏里拉奶酪、软质干酪斯特位希诺（stracchino）、芳提娜奶酪，以及蓝纹干酪古贡佐拉这 4 种意式奶酪制成。

帕马森

帕马森奶酪是原产于意大利的硬质干酪，外表呈淡黄色。为了保护原产地的品牌，意大利法律规定只有在指定地区生产的这种奶酪，才能被冠以帕马森奶酪的名称。

帕马森奶酪的生产过程要经过层层检验，最终合格的奶酪会印上合格的名称烙印，并且会刻上产地、年份等信息。

除了佐意面吃，帕马森奶酪也是制作青酱的主要食材。

格拉娜 · 帕达诺

既然帕马森的名字是受商标保护的。那么生产于不同产地但制作过程相似的奶酪叫什么呢？答案就是格拉娜，比如我们买的格拉娜·帕达诺奶酪。

虽然并没有帕马森的名头，但是两者在质地和味道上相差不多。

格吕耶尔

格吕耶尔奶酪是产自瑞士的奶酪，名称也受到原产地保护。格吕耶尔奶酪属硬质干酪。当地奶农在饲养奶牛时也会喂一些当地花草，因此产出的奶酪带有果香。

格吕耶尔奶酪非常适合烹饪，不仅可以和意面相融，同时也是法式洋葱汤、乳蛋饼、咬先生法式三明治和瑞士奶酪火锅的主要食材。

哪些奶酪可用于沙拉？

水牛奶酪

上文我们介绍过用于给比萨拉丝的水牛奶酪（马苏里拉），也很适宜作为沙拉。其中最具代表性的要数卡普雷塞沙拉，主要食材是新鲜的马苏里拉奶酪、番茄、罗勒和意大利香醋。红、白、绿三种清新颜色的结合，也是意大利国旗的象征。

如果是大圆球形的水牛奶酪，一般做切片处理；小型的球状奶酪则直接加入沙拉中。水牛奶酪能给沙拉增加奶香和酸甜口感。

菲达

菲达奶酪是原产于希腊的软质奶酪，由绵羊奶制成，颜色纯白，质地软而易碎。

放在沙拉中（有时也会放在中东主食中，如口袋饼）通常也是以细碎的形式出现，不仅能够增加咸香的奶味，还能给食物提色。

古达干酪

古达干酪原产荷兰，远销世界各地，是最古老的奶酪品种之一，最早的记录出现在 1184 年。

古达干酪的名称来源于荷兰城市 Gouda，并不是因为它是古达干酪的原产地，而是因为这个城市是荷兰奶酪的交易集中地。古达奶酪形状较大，颜色为橙黄色，也被称为黄波奶酪或车轮奶酪，主要由牛奶制成，口感比较糯，常作为夹心食用，具有咸鲜和入口即化的特点。

艾蒙塔

　　艾蒙塔奶酪是产自瑞士的大孔奶酪，外观与很多动漫中的奶酪类似。艾蒙塔奶酪是世界上最大的奶酪之一，一块重达 100 千克以上，孔洞有高尔夫球一般大小。

　　艾蒙塔奶酪质地偏硬，口味浓郁，带有一点坚果的香气。切片之后很适合作为三明治夹心。

切达奶酪

　　切达奶酪原产于英国切达村，是一种硬质干酪，外表为白黄色或橙色。

　　切达奶酪是最受英国人喜欢的奶酪，占全英国每年奶酪消费的51%。英国人对切达奶酪的爱不仅体现在直接食用奶酪上，各种零食和薯片也都要有切达口味。

　　超市里可以看到各种形态的切达奶酪。如果为了夹三明治或汉堡吃，最好买切片。下图是我在吐司中放入 2 片奶酪，再用微波炉加热后的效果。

　　超市里的切达奶酪品种多样，如松露口味、胡椒口味……如果感兴趣都可以买回家尝一尝。

用于制作甜点的奶酪

奶油奶酪

奶油奶酪是一种口味偏酸的软质奶酪，由牛奶或奶油制成。

奶油奶酪虽然口味偏酸，但是并不重口。既可直接吃（如抹在贝果上或饼干上），也常用于制作甜品（如各种奶酪蛋糕、曲奇、吐司）。

奶油奶酪很容易变质，开封后一定要尽快食用。

马斯卡彭

马斯卡彭奶酪原产于意大利伦巴第地区，是由奶油加酒石酸凝结而成，因为制作工艺和传统奶酪不同，所以从严格意义上来说并不属于奶酪。按照这一原理，也有人用奶油奶酪加柠檬汁（酸性物质）来代替马斯卡彭奶酪。

马斯卡彭奶酪有种淡淡的清甜味，常用于提拉米苏的制作。虽然有时奶油奶酪也被用作替代品，但口味有差异。

在使用马斯卡彭的时候注意不要搅拌过快，否则可能出现油水分离的情况。

涂抹及夹心用奶酪

布里奶酪

据说，法国国王路易十六被处死前，最后的请求是吃一口布里奶酪。布里奶酪也是让很多人真正爱上奶酪的原因。

布里奶酪有一层白色的壳，用于保护里面软嫩的芯，味道有点咸、有点鲜，有奶味，还有点霉菌的味道，香气迷人。

吃布里奶酪是一种享受，切的过程也是。用刀切个角下去，可以看到内部组织像静态的水，弹润到给人一种能流动的错觉，每一口都是艺术。

在吃法上，可以直接吃，夹在软欧包中吃也很美味。

卡蒙贝尔

卡蒙贝尔堪称布里的姊妹奶酪，二者无论是外观上还是口感上都十分相似。如果不带包装切下来，很容易混淆。

因为实在相似，尝试过布里奶酪后的我也买了卡蒙贝尔吃，但可能因为布里实在美味，因此我对卡蒙贝尔的印象稍逊一些。个人认为，卡蒙贝尔和布里的区别是：前者稍重口，后者更香。

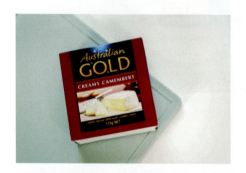

各种奶酪酱

博格瑞香草蒜香干酪

以奶油奶酪作为基底，市面上也出现了一些口味丰富的奶酪酱。比如这款香草蒜味酱，咸咸的很好吃，蒜味很足，奶酪自身的味道比较少。

博格瑞圣茉莉奶酪

除了蒜味香草酱，还有一些不加调味的法国奶酪酱。这种酱看起来小巧，但质地较硬，易碎。味道偏酸，也很适合夹甜面包吃。

即食奶酪制品

奶酪粒

每次去超市都能看到这种小包装的奶酪粒，包装精致，适合分享。口感有点筋道，介于软和韧之间。切达味和艾蒙达奶酪味分别保有这两款奶酪原本的味道。切达味的奶酪味道更咸、更重，艾蒙达味的奶酪带有一丝甜甜的果香。从味道上看，后者更易被接受。

小聚会必备料理

西班牙海鲜饭：
做法比你想的要简单

场合 / 正餐·主食　　用时 / 50 分钟

　　一说起西班牙，就想起海鲜饭。它发源于瓦伦西亚（西班牙东海岸的城市），衍生自当地渔民以米、鱼、香料做成的炖菜（casseroles）。到了 19 世纪末期，由于生活水平的提高，食材更加丰富，渐渐形成了现代海鲜饭的雏形。

　　西班牙海鲜饭的原名 Paella 的直译就是锅，薄薄的平底铁锅，金黄的米粒，每一粒米饭上都沾满了番茄与海鲜的浓郁味道，与朋友一起分享大虾与贻贝，再来一杯 Sangria 水果酒，你会感觉自己正在享受巴塞罗纳的异域风情。宴客时如果端出一份海鲜饭，那你肯定是朋友圈的焦点！

特殊厨具准备　　平底铸铁锅

主料 ——
○西班牙米 250 克　○去骨鸡腿 1 个　○西班牙辣香肠 1 根
○红甜椒 1 个　○西红柿 1 个　○虾 8 只　○贻贝 10 只
○鱿鱼 100 克　○青豆 40 克　○柠檬 1 个

调味料 ——
○橄榄油 3 汤匙　○洋葱 1/2 个　○蒜 2 瓣　○藏红花 1 撮
○白葡萄酒 60 毫升　○鸡高汤 650 毫升

① 番茄切丁；香肠去皮，切2厘米厚片；蒜、洋葱切碎；红甜椒切1立方厘米的块。

② 大虾去虾线，贻贝洗干净，鱿鱼切圈，冷藏待用。

③ 将鸡大腿的骨头和腿肉部分分离，然后切块。

④ 锅中倒入橄榄油，煎鸡腿、香肠、鱿鱼圈，上色后拿出吸油。

⑤ 锅中放洋葱炒香，然后加红甜椒、蒜末。

⑥ 倒入白葡萄酒提味，酒蒸发后加鸡高汤。再放入番茄碎、藏红花、盐、黑胡椒，煮至微沸，然后把鸡腿、香肠、鱿鱼圈放回去，小火煮5分钟。

⑦ 加入西班牙米，盖上盖子焖10分钟。

⑧ 米开始变软时，放贻贝、虾、青豆，盖上锅盖焖至贻贝开口、虾变色，然后关火焖5分钟（此步骤是为了让锅底产生锅巴）。

① 像主厨一样处理番茄

西餐中，为了追求番茄最好的口感，大多需要做去皮和去籽（去籽的同时也能保证汤汁的量不受影响）的处理。在番茄头部以十字刀将皮切浅口，在沸水中过 10 秒，再放入冰水中，就能轻松剥落外皮且不会让番茄过熟。去皮后的番茄切瓣去籽，最后切丁。

② 海鲜饭的锅具的选择

海鲜饭的西班牙语"Pealla"，在当地语言中是"锅"的意思，也就是专门制作海鲜饭的锅具。海鲜锅具有平底、双耳的特点，这是为了最大程度地让米熟得快且均匀。我们可以在网上购买这种锅具，或是使用平底且较厚的铸铁锅。

③ 西式米的区分

海鲜饭用的米是西班牙的邦巴米（Bomba），是一种短圆的稻米，具有很强的吸水性，能与海鲜饭的汤汁完美融合，口感饱满而筋道。因为邦巴米在海鲜饭中的地位举足轻重，因此很多人将这道菜视为一道纯粹的"米料理"。

需要和邦巴米区分的是制作意大利烩饭（Risotto）的米，最常见的是阿尔博里奥米（Arborio），烹饪后具有奶油般的、偏生的口感。

米饭料理

① 剩饭的华丽变身

酱油炒饭

食材

○ 剩米饭 2 碗

○ 油 2 大勺

○ 豌豆 50 克

○ 鸡蛋 1 个（打蛋液）

○ 生抽 15 毫升

○ 小葱 1 根（切葱花）

做法

① 将鸡蛋打散，和米饭拌匀；豌豆焯水沥干。

② 锅中放油，烧热后放米饭，炒至上色，然后放生抽、豌豆翻炒，最后加葱花。

鸡肉菠萝焗饭

食材

- ○ 隔夜饭 2 碗
- ○ 鸡胸肉 1 块（切丁）
- ○ 菠萝 200 克（切丁）
- ○ 培根 2 片（切块）
- ○ 油 1 大勺
- ○ 盐 2 克
- ○ 马苏里拉奶酪碎 40 克

做法

① 将培根煎至上色，取出控油，然后将鸡胸肉丁煎至上色。

② 锅中放油，重新翻炒米饭、菠萝、鸡肉、培根，加盐调味，然后放在焗碗中，撒上马苏里拉奶酪碎。

③ 烤箱设置 180℃烤 25 分钟。

② 中西合璧的米饭料理

意大利烩饭

食材

○ 意大利调味米 100 克
○ 鸡高汤 200 毫升
○ 芦笋 2 根
○ 大虾 2 只
○ 口蘑 1 个
○ 洋葱 1/4 个（切碎）
○ 橄榄油 3 大勺
○ 白葡萄酒 1 大勺
○ 蒜 1 瓣（切末）
○ 帕马森奶酪碎 50 克
○ 盐、黑胡椒 适量

做法

① 取芦笋最靠前的一段备用，将剩下的根部切碎。取一半口蘑切成 3 片，剩下的一半切碎。洋葱和蒜切碎。大虾去壳、去虾线待用。

② 将虾肉、芦笋、口蘑片用少量橄榄油煎熟，撒盐、黑胡椒，并保温。高汤加热后待用。

③ 锅中放油，炒香洋葱碎和蒜碎，放入调味米翻炒 2 分钟，放入芦笋碎、口蘑碎，翻炒均匀，倒入白葡萄酒，翻炒 1 分钟。

④ 在锅中倒入 3 勺高汤，转小火，保持翻炒，直至高汤被米吸收。每次加入 3 勺高汤直到吸收后再加新的高汤，直到米不再夹生，大约需要 20 分钟。最后放入煎熟的虾、芦笋段、口蘑片，放盐、黑胡椒调味，出锅后撒上帕马森奶酪碎。

中式土豆腊肠焖饭

食材

- ○ 大米 150 克
- ○ 腊肠 1 根（切片）
- ○ 混合蔬菜 200 克
- ○ 土豆 1 个（切丁）
- ○ 油 1 大勺
- ○ 生抽 2 大勺
- ○ 盐 3 克

做法

① 准备胡萝卜丁、玉米粒、青豆、豇豆碎（或是将混合冻蔬菜解冻沥干水）。

② 锅中放油，炒香腊肠，再炒蔬菜、土豆块，至土豆稍上色后放大米、生抽炒匀。

③ 倒入清水，水量约和米饭蔬菜平齐，盖上锅盖焖 15~20 分钟即可。

日式饭团

食材

○ 金枪鱼罐头 1 罐
○ 蛋黄酱 3 大勺
○ 熟米饭 2 碗
○ 海苔 4 片
○ 黑、白芝麻 适量
○ 肉松 20 克
○ 盐 2 克

做法

① 将金枪鱼肉取出，用叉子碾碎，混合美乃滋酱。
② 将米饭和芝麻、肉松、海苔碎、盐混合，在手上摊开一个小团，卷入金枪鱼，闭合成小团。
③ 手上稍蘸水，将饭团捏紧，用手指塑成三角形，完成后放一片海苔。

日式寿喜锅：
咕嘟咕嘟的幸福感

场合 / 正餐·主食　　**用时** / 3 小时 +30 分钟

　　寿喜烧（すき烧き）又称锄烧（鋤烧），顾名思义，最开始指的是以锄头的金属头烤肉的一种吃法。现在说到寿喜烧，指的大多是日式火锅的一种，有"关东""关西"之分。关东的寿喜烧有点像火锅或者关东煮，是一大锅食材在汤中煮熟；关西的吃法被认为更接近寿喜烧的原型，做法是用牛油热锅，然后煎牛肉片，撒一层白糖，再煎大葱、香菇、豆腐等食材，肉变色后再加料汁，煎一块吃一块，有点像铁板烧。

　　本书这道寿喜锅是关东做法，外形更美观，准备起来也更从容。不过寿喜烧的关西与关东之分并不会水火不容，现在已经有很多新派寿喜烧模糊了关西与关东的界限，甚至还有加入番茄、罗勒等材料的西式寿喜烧。

特殊厨具准备　　深铸铁汤锅

食材

高汤 ——
○昆布 3 小片　○木鱼花 70 克　○水 2 升

主料 ——
○和牛肉 400 克　○大葱 2 根　○香菇 6 个　○茼蒿 一把
○豆腐 200 克　○金针菇 一小把　○娃娃菜 200 克
○可生食鸡蛋 4 个

调味料 ——
○酱油 125 毫升　○味啉 125 毫升　○清酒 125 毫升
○高汤 375 毫升

做法

① 制作日式高汤（具体制作方法见第281页）。

② 将大葱斜切，香菇切花刀，豆腐切片，茼蒿、金针菇洗净沥干。

③ 混合酱油、味啉、清酒、高汤（1：1：1：3，随锅大小变化），作为料汁。

④ 在锅底铺上娃娃菜，摆上所有食材。

⑤ 倒入料汁直到快要没过食材（但不能完全没过），盖上锅盖加热，煮开后转小火。

⑥ 将生鸡蛋打散，作为蘸料。

肉要蘸着鸡蛋吃

    刚出锅的食材在生鸡蛋中蘸一下，可以形成一层保护膜，锁住食物内部的鲜味和水分，让肉更加好吃。但一定注意只能用可生食鸡蛋做蘸料。

补 充 知 识

家常高汤做法

　　在很多食谱中，我们都会用到高汤。高汤是全世界厨师的做菜秘诀，有了高汤，菜肴就可以在最短的时间内获得更丰富的滋味。

　　中式高汤（或称上汤）的做法有很多，按照食材的不同可分为肉高汤和素高汤；按照工艺复杂程度的不同可分成毛汤、白汤及清汤，越往后要求的技法越高。

　　比较讲究的中餐厅里的高汤，有时候会用老母鸡、老鸭、猪棒骨和甲鱼熬，有"无鸡不鲜、无鸭不香、无骨不浓"的说法。而家常高汤所用的都是基础食材，工序也不复杂，成本不算高。如果喜欢在家烹饪，又想让菜肴更美味，自制高汤是一个不错的选择。

　　高汤一次制作完成后，可以多次取用，如用于煮面、煮粥、煲汤、炖菜等，冷冻保存能放很久。本文要做的汤，是在家就能做的、简易的中式肉高汤、素高汤和日式高汤，所用食材也容易购买。

家常肉高汤

用料：猪棒骨 1 根、猪蹄 1 个、鸡脚 6~8 个、小葱 3 根、姜 2 片、白胡椒 6~8 粒、料酒或黄酒 1 大勺（其他可用食材：猪肘、猪皮、鸡架、翅尖）

① 将买来的肉类切块，然后用冷水泡 1 小时去血水。

② 将所有肉类冷水下锅烧开，水要没过食材，沸腾后持续撇清浮沫。为了让味道更浓郁、汤的颜色更白，可选择冷水直接下锅熬汤。也可以先将肉类焯水洗净后再熬煮来去腥。

③ 撇净浮沫后，放葱结、姜片、白胡椒粒、料酒。保持微沸煮 2.5~3 小时，锅盖留缝盖上。煮好后汤成奶白色，如果还有浮沫，可将水再次烧开后撇净。

④ 准备好碗和用于过滤的筛子、纱布，用汤勺盛出高汤，剩余棒骨肉可以做炒食的拆骨肉，猪蹄可以红烧，鸡脚基本会溶于汤里，不可再用。

⑤ 放凉后除去表面油脂，装入冰格或冰袋中，冷冻保存。

家常素高汤

用料：海带 1 张（A4 纸大小）、香菇数个、胡萝卜 1 根、姜 2 片、玉米 1 根、
娃娃菜 4 片（其他可用食材：豆芽、芹菜茎、洋葱、白萝卜）

① 海带、香菇泡水 20 分钟左右。将胡萝卜、玉米切块（胡萝卜、玉
米会改变甜味，不宜放太多）。

② 将所有食材放入锅中，加清水没过。煮的时候可随时翻动，防止
食材受热不均。

③ 水烧开后稍撇去少量浮沫，然后转小火煮 1.5 小时左右。

④ 用勺子将高汤通过过滤网滤出，晾凉后保存在冰格或冰袋中。冰
袋的开口比较小，倒的时候建议使用漏斗或小开口容器。冻好取
用时可以一块块挤出来。

家常日式高汤

用料：手掌大小的昆布 2~3 块，木鱼花约 70 克，水 2 升

① 昆布提前在冷水中浸泡 3 小时，然后将水烧开，关火，取出昆布丢弃。

② 在汤中加入木鱼花，静置约 20 分钟，过滤，就得到了简易的日式高汤。

第五章

新手做甜品，
也能 100% 成功

　　不用羡慕别人，那些精致的小甜点你也可以做。

　　哪怕是世界级的大师，职业生涯初期也总会出现各种问题。将甜点解构成不同的原件，每一步都认真按照做法和技巧说明去做，就鲜有不成功的道理。想做出造型诱人的甜点，无非是在耐心和细心的基础上加一点创造力。

　　本章将介绍 6 道甜点：蓝莓果酱、英式司康、抹茶冰激凌、法式甜奶酱巧克力慕斯、椰子黑莓生蛋糕和意式百香果奶冻。其中，英式司康也叫英式快速面包，最早出现在苏格兰地区，已经有逾 500 年的历史；意式奶冻也早在 20 世纪初就风靡一时，后来在原配方的基础之上又演变出了多种口味和造型。

　　如果只把甜点等同于甜的零食，那就大错特错。甜点是一种生活态度，偶尔吃上一口是给自己的犒劳，自己动手去做，更是一种独特的体验。从简单的面粉、糖、鸡蛋、奶油，到层叠着的、浓厚香甜的甜点，每一步混拌和打发都像在施展魔法。

　　这一章的 6 个食谱，从易到难，由浅入深，供你琢磨。

没有烤箱同样能玩转甜品

蓝莓果酱：
佐面包、吐司必备抹酱

场合 / 甜点·零食　　用时 / 20分钟

春天的草莓，夏天的桃子，秋天的葡萄，冬天的柚子，都是正当季的最好吃。但我们常常也想将水果做成果酱，留住季节的味道。

自制果酱相当简单，只需要水果、白糖、柠檬汁3种材料，不需要任何添加剂，糖量也可以自己控制，非常健康。

为了延长自制果酱的保存期限，你可以这么做：1. 将果酱瓶、盖子、分装用的勺子等都清洗干净后，泡在开水中消毒，可以大大减小变质的可能；2. 每次取用时都用干净的勺子，不把其他食物带入瓶子里；3. 如果做了很多果酱，尽量装在多个小容器里，吃完一瓶再开一瓶；4. 如果短期内不吃果酱，可以冷冻保存，需要时再放入冷藏室慢慢解冻。

特殊厨具准备 　炒锅、密封罐

主料 ——
○蓝莓 300 克　　○柠檬 1 个　　○白砂糖 100 克

可搭配食材 ——
○奶酪或酸奶　　○吐司面包或法棍

做法

① 小玻璃罐沸水消毒，洗净晾干待用。

② 将蓝莓洗净、沥干，去梗，挑出坏果；将柠檬挤出柠檬汁（柠檬汁能帮助释放果胶）。

③ 把蓝莓和白砂糖放入锅中，温火加热，用木铲按压蓝莓（可用压土豆泥器压），以便更快分解。

④ 持续搅拌并用小火加热，待出水且果肉变软后加柠檬汁，持续搅拌（用时 15~20 分钟）。

⑤ 果酱煮黏稠后，测试黏稠度（划痕测试），在盘子上滴一滴果酱，垂直举起，达到缓慢流动的稠度即可。

⑥ 装罐。

① **果酱的取用与保存**

每次取用果酱时，都要用干净的勺子。果酱密封在罐
子里，可以保存一个月左右。果酱一般可以搭配吐司
面包或法棍，为了中和甜味，还可以涂抹一层酸奶或
奶酪。

② **适合做果酱的水果**

水果和砂糖的比例为 1:3 或 1:5，制作果酱时，要根
据选择水果所含的实际糖分，来选择砂糖的比例。

不能熬酱的水果：西瓜、香蕉。

可以做酱的水果：苹果、树莓、蓝莓、草莓、橘子、
桃子、杧果、猕猴桃。

3 种超市罕见的果酱

百香果果酱

食材

○ 百香果 300 克
○ 白砂糖 100 克

做法

① 将百香果清洗干净，对半切开，挖出果肉放入容器中。
② 倒入白砂糖，搅拌均匀。
③ 将食材倒入锅中，大火烧开后小火熬煮，其间不断搅拌至黏稠，熬煮 20 分钟左右。
④ 趁热倒入小玻璃罐中，待放至常温后放入冰箱冷藏即可。

樱桃果酱

食材

○ 樱桃 300 克

○ 白砂糖 50 克

○ 冰糖 50 克

○ 柠檬汁 30 毫升

做法

① 将樱桃清洗干净，去核留肉。

② 将白砂糖和樱桃拌在一起，搅拌均匀腌制 1 小时以上。

③ 将腌制好的樱桃倒入锅中，加入冰糖和柠檬汁，大火烧开转小火慢煮，不断搅拌，约 20 分钟至浓稠。

④ 趁热倒入小玻璃罐中，待放至常温后放入冰箱冷藏即可。

桃子果酱

食材

- 水蜜桃 500 克
- 白砂糖 200 克
- 柠檬汁 30 毫升

做法

① 将水蜜桃洗净，剥皮去核切小块。
② 混合水蜜桃块、白砂糖和柠檬汁，搅拌均匀，盖上保鲜膜冷藏一晚。
③ 将腌制好的水蜜桃倒入锅中，大火烧开后转小火，撇去浮沫，不断搅拌，煮约 20 分钟至浓稠。
④ 趁热倒入小玻璃罐中，待放至常温后放入冰箱冷藏即可。

抹茶冰激凌：
完爆市售冰激凌的制作秘方

场合 / 甜点·零食　　**用时** / 20 分钟 +6 小时

冰激凌的制作方法有很多种，大部分都需要在最后一步用到冰激凌机，可以一边搅拌一边将液体降温，这样才能形成均匀而又充满空气感的冰激凌。如果没有冰激凌机，可以每隔半小时从冷冻室中拿出来手动搅拌一次，但依然会产生细小的冰渣，影响口感。

这里介绍的这个配方，不需要开火煮，也不需要搅拌，因为通过打发奶油和蛋黄就已经让液体内部充满了均匀的空气，而且这样能使原料中的水分含量较少，可以防止形成冰渣，对于新手来说是非常值得一试的冰激凌配方。

特殊厨具准备　耐低温长方形容器（金属或玻璃）、电动打蛋器

主料 ——
○新鲜蛋黄 3 个　○细砂糖 80 克　○淡奶油 250 毫升
○抹茶粉 20 克

做法

① 将 3 个蛋黄放入干净的打蛋盆中，加入 80 克细砂糖用电动打蛋器高速搅打至浓稠，提起打蛋器蛋液呈缎带状缓慢下落即可。

② 将 250 克淡奶油加 20 克抹茶粉低速打到六至七分发的状态。

③ 把抹茶奶油分几次加入到蛋黄糊中，用刮刀搅拌均匀，盛入长方形容器中，以便挖球，盖上保鲜膜放入冰箱冷冻 6 小时以上，其间无须取出搅拌。

④ 将冷冻好的抹茶冰激凌用沾过热水的挖球器挖球即可。

① **奶油的打发**

奶油的打发比较基础，一般超市售卖的淡奶油都能打发，打发的条件是奶油刚从冰箱的冷藏室里拿出来。打发奶油时建议用手动打蛋器，因为奶油打发速度快，且易打发过头，需要时常检查一下打发状态。

② **蛋黄的打发**

和淡奶油不同，蛋黄需要打蛋器快速转动带动打发，因此推荐电动打蛋器。另外要注意一点，砂糖放入蛋黄后要尽快混合，如果还没准备好，蛋黄和砂糖要分开放。这是因为糖具有吸水性，容易将蛋黄中的水分吸走，导致蛋黄结块。

意式百香果奶冻：

只需 5 种食材，打造果香甜食

| **场合** / 甜点·零食 | **用时** / 30 分钟 +4 小时 |

意式奶冻原名 Panna Cotta，在意大利语中意为"煮熟的奶油"，是一种意大利奶油甜点，在原味的基础上也会加入咖啡、朗姆酒、香草等调味。传统的意式奶冻在材料上非常简单，只有奶油、吉利丁、糖。一般使用吉利丁将甜奶油在模具中凝固，然后脱模倒出，再淋上果酱或巧克力食用。

意式奶冻的吉利丁的用量非常关键，用少了凝固力不够，脱模过程中就会碎掉；用多了口感太硬像果冻，就没有入口即化的柔和感。

这里介绍的意式奶冻做了些改良，不仅用料更丰富，而且不需要脱模，直接在杯子里就可以食用，难度大大降低，新手也可以放心尝试。

特殊厨具准备　煮锅或奶锅、小玻璃罐

食材

主料 ——
○吉利丁片 5 克　○淡奶油 80 毫升　○白砂糖 15 克
○酸奶 180 克　○百香果 1 个　○温水 80 毫升

① 将吉利丁片剪成小片用冰水泡软，控干水分后加入
80 毫升温水搅拌至吉利丁融化。将淡奶油和砂糖倒
入奶锅中用小火加热搅拌，煮至边缘冒小泡、糖融化
时离火。加入吉利丁液搅拌均匀，冷却 10 分钟。

② 把 120 克酸奶和半个百香
果汁（去籽）倒入碗里混合
均匀。加入奶油混合液，搅
拌均匀即得到布丁液。

③ 把布丁液倒入容器中，放入冰
箱冷藏 4 小时以上或过夜。

④ 将剩余的酸奶淋入冷藏好的奶冻杯中，再淋上另外半个百香果汁即可。

吉利丁的使用

吉利丁又称鱼胶，在所有需要定型的甜点（如慕斯、布丁、提拉米苏）中都起着稳固甜点的作用。吉利丁片使用之前，需要在冷水中泡软（放热水中会导致其直接融化），然后再放到液体糊中进一步制作。泡的时间不能太久，否则也会融化或凝结。使用前需将多余的水分沥干。

来一场英式、法式下午茶

英式司康：
经典茶点的改良方案

场合 / 甜点·零食　　**用时** / 40 分钟

　　司康（scone）源于苏格兰地区，是以燕麦或小麦制成的点心，起初以煎锅烘制而成。因外形和当地人以苏格兰国王加冕时用的加冕石（或称斯昆石，Stone of Scone）相似，由此命名。后来由于泡打粉的普及，司康的口感变得更加轻盈，介于蛋糕和面包之间。

　　司康是传统英式下午茶中必不可少的部分，由于自身口味较为清淡，一般的吃法是切开后涂上果酱或奶油一起食用。虽然听上去很高大上，但是司康制作起来特别地简单，不需要学习判断面团的状态，甚至黄油都不用提前拿出来软化，是制作起来非常轻松的茶点。

特殊厨具准备　　烤箱、圆形切模、擀面杖、面粉筛、小刷子、硅胶垫

主料
○中筋面粉 200 克　　○泡打粉 10 克　　○白砂糖 30 克
○黄油 50 克　　○鸡蛋 40 克　　○牛奶 50 毫升
○蔓越莓干 40 克　　○朗姆酒 40 克　　○盐 1 克

① 将蔓越莓放入碗中，倒入朗姆酒浸泡 10 分钟。过筛面粉、泡打粉。另取一个碗，混合鸡蛋、白砂糖、牛奶。

② 将黄油搓进面粉，成粗粒状。

④　将蔓越莓干控干，然后倒入面糊中混合。

③　倒入蛋奶液揉匀。

⑤ 将面糊在案板上擀平，约 2 厘米厚，然后切圆，直径约 4~5 厘米。

⑥ 在表面刷一些蛋液。烤箱预热至 180℃，烤 10~15 分钟即可。

美味秘诀

①　在司康表面刷蛋液

　　烤制前在面团表面刷蛋液，可以让司康成品的外表更金黄，更油亮好看。如果烤前没有多余的蛋液，可以将泡蔓越莓干的朗姆酒和40克白砂糖混合加热，熬成糖浆，刷在烤好的司康上。

②　过筛的作用

　　做烘焙食品的时候，粉类食材都有"过筛"这一步骤。除了让结块的面粉更加细腻、成品口感更好，过筛也能防止杂质进入面团。这是看似烦琐但却很重要的步骤。

法式甜奶酱巧克力慕斯：
把法式餐厅甜点搬上自家餐桌

场合 / 甜点·零食　　**用时** / 30 分钟 +6 小时

新手做甜点的时候，新手经常会受到各种各样的打击。做曲奇？别人挤出来是花纹，你挤出来却像一团泥巴。做戚风蛋糕？进烤箱前好好的，拿出来却塌得一塌糊涂，都不知道错在哪儿。做焦糖布丁？熬焦糖的过程就会使一波人放弃，可能顺带还毁个锅。

但慕斯就不一样，成功率很高，只要照着做几乎不会出错。而且慕斯颜值高，不管是巧克力的、草莓的，还是抹茶的，都自带柔和的马卡龙色。并且就算表面不好看也没关系，撒上可可粉，堆一些水果，甚至放几朵樱花，瞬间就变成了"佳作"。

特殊厨具准备　电动打蛋器、煮锅、6 寸慕斯圈或蛋糕模、硅胶刮刀

主料 ——
○奥利奥饼干 100 克　○黄油 45 克　○64% 黑巧克力 80 克
○白砂糖 24 克　○水 20 毫升　○蛋黄 2 个
○淡奶油 260 毫升　○吉利丁片 5 克　○可可粉适量

① 去芯饼干打成粉，与熔化的黄油混合，放模具中压实冷藏。奶油 160 毫升打至六分发，冷藏。

② 制作蛋黄糊。吉利丁泡软控干，用微波炉加热至融化。蛋黄打散。将砂糖和水煮沸，倒入装有蛋黄的碗中，并同时快速搅拌，然后隔水加热搅至浓稠，再高速打至泛白、能附着于打蛋器，加吉利丁液。

③ 巧克力切碎隔热融化，保持在45℃左右，加入60毫升（约1/3 份）冷藏奶油拌匀，拌入蛋黄糊，再加剩余的 100 毫升冷藏奶油混至顺滑，即得到深色慕斯糊。

④ 将 100 毫升奶油打至六分发，加入 1/3 的慕斯糊混匀，做成浅色慕斯糊。深色部分先倒入模具中，冷冻 15 分钟，再倒浅色部分冷藏 6 小时或过夜。取出后用热毛巾或吹风机协助脱模，用可可粉点缀。

 美味秘诀

让巧克力化身美味甜点

　　融化巧克力时，要注意不能加水，否则会使巧克力凝固成块。融化的温度也要控制在一定范围内，可以在隔水加热时离火搅拌以控制温度，用来提供热度的水要保持微沸的状态。另外，我们在食谱上看到的巧克力百分比指的是可可含量，数值越大口味越苦，根据配方不同要注意调整。做烘焙时，建议购买专用的巧克力币，如果不常用，每次购买 100~200 克即可。

椰子黑莓生蛋糕：
形似蛋糕，胜似蛋糕

场合 / 甜点·零食　　**用时** / 30 分钟 +4 小时

生蛋糕是最近流行的概念，也就是不需要烘烤的蛋糕。由于无需鸡蛋，所以在国外也带着"素食"的标签。生蛋糕外形和我们常见的蛋糕一样，有好看的分层，但都是通过冷藏制作的。不用送进烤箱，所以无须掌握食物的制作温度与时间，只须让冰箱完成定型的工作。是一种看着复杂，实际做起来成功率非常高的甜品。

特殊厨具准备　搅拌机或料理机、耐低温长方形容器、硅胶刮刀

底层 ——
○杏仁 240 克　○椰蓉 25 克　○椰子油 45 毫升

中层 ——
○椰浆 150 毫升　○马斯卡彭奶酪 30 克　○柠檬汁 15 毫升
○蜂蜜 45 毫升

上层 ——
○黑莓 120 克　○椰浆 150 毫升　○蜂蜜 45 毫升

做法

① 将底层所用的杏仁和椰蓉放入料理机搅打混合，倒入融化的椰子油搅拌均匀，然后放入铺好油纸的长形容器中压实、压平，放入冰箱冷冻待用。

② 将中层所用食材混合均匀，马斯卡彭奶酪搅拌至细腻无颗粒状，倒在冷冻好的底层上方，继续放入冰箱冷冻至完全变硬。

③ 将上层所用的黑莓取 60 克与椰浆和蜂蜜一起放入料理机搅打均匀，倒在冷冻好的椰浆奶酪层上方，并把剩余的 60 克黑莓点缀在上面，继续冷冻至完全变硬。

④ 将冷冻好的黑莓生蛋糕取出切块即可。

 美味秘诀

烘焙中用到的椰子制品

椰子制品是应用非常广泛的烘焙材料，最好用的当属椰子脆片和椰蓉，既能直接当成成品的装饰，也能混合在饼干层中使口感更丰富。另外几种常见的材料要数椰奶、椰浆和椰子油。椰奶是压榨后的椰肉、椰子汁混合其他添加剂制成，可以直接用于调味冰激凌、奶冻等"轻量级"甜点。椰浆是浓缩版的椰奶，质地更偏向奶油，脂肪含量高，适合打发。椰子油是从椰肉中提取的，是最健康的食用油之一。

番外篇 ————————————————————————————
升级为厨房高手的 20 个秘诀

01　轻松给鸡腿去骨

　　鸡腿肉比鸡胸肉香，且加热后不易变柴。将市售鸡腿肉拿回家自己处理，虽然稍费功夫，但菜肴口味绝对会上升一个层次。

　　去骨时先从腿骨部分剖开，用刀把连接着的筋络切断，然后从中间拎起骨头，再去除两边，最后找到断骨，一并剔除。

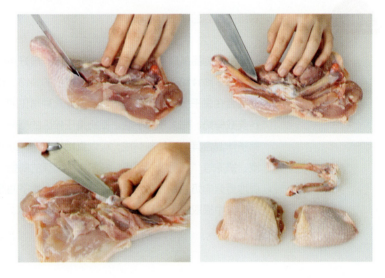

02 "切成适口大小"是最基础的切菜守则

当不知道切丁、切块到底要多大时，可以参考一下食材入口的大小。切成适口大小不仅利于均匀烹饪，还有助于增强美观性，更重要的是吃起来也方便。如果是做沙拉的叶菜，撕成小块拌着吃，风味和口感也会不一样。

03 网购食材

上班族想为自己烹饪，但日常购买食材不太方便。这时可选择通过网购平台购买食材，春播、每日优鲜、天猫超市、京东到家、盒马生鲜等平台，以售卖小量食材为主，方便且新鲜。

04 要让汤更清澈，炖肉得"撇浮沫"

煮肉汤时会出现浮沫，是肉中的血水和杂质造成的。浮沫清理起来很简单。建议在网上或是大型超市购买一个撇浮沫专用的网勺（如下图），这种网勺可以将杂质留在上层，将清澈的汤汁渗回锅中。撇浮沫的要领是用勺在汤的表面轻轻地一边移动一边撇起，可以等食物加热到一定程度，浮沫聚集的时候再操作。

05 勤于探索当地菜市场

闲暇时间逛逛当地菜市场，可以最快地了解应季食材。通过发现自己不常见的食物以及和摊主的沟通，能学习不少烹饪的技巧和菜肴的做法。

06 用冷水来加速解冻

冷冻食物吃之前，不要着急拆包装去泡热水。可以带着包装放到冷水中浸泡解冻，解冻速度较快。

07 处理鱿鱼，切出鱿鱼圈

在食谱"海鲜饭"中，我们放了鱿鱼圈作为点缀。鱿鱼是很美味又易煎炒的食材，可以买回家自己处理。

捏住鱿鱼的触手往外拔，将触手与脑袋分开，一并去除内脏。然后切去一个类似圆盘的硬物，再将眼睛和墨囊去掉。接下来去除半透明内骨骼，最后撕掉最外层的皮。清洗干净，就可以切圈了。

08 不要忽视"爆香"的作用

中国菜爆香的常见料是葱、姜、蒜，以及干辣椒，其实国外料理也会"爆香"，常用洋葱碎和蒜末。"爆香"是食物调味的第一道关卡，用于"爆香"的食材的芳香会浸入到整道菜肴中。

09 葱花也可常备

爆香用的葱、姜、蒜里面，葱最不好保存，放久了就蔫儿。其实可以先把葱花备好：买来小葱一次性切完，用厨房纸吸去水分，然后放保鲜袋里密封冷冻，用前在桌角敲散，取出想要的量即可。

10 自制一些简单腌菜

用酱腌也好，用醋腌也罢，家里吃不掉剩下的小蔬菜，可以用这种方式保存并食用。腌制好的小菜既能避免浪费，也能成为餐桌上或是便当里受欢迎的小菜。

11 黄油是油，也是调味料

黄油是西餐大厨的秘密武器。除了发挥"油"的作用，黄油的特殊香气能让很多料理变得更加可口。煎牛肉、煎蔬菜、做浓汤、做奶油意面的时候都可以放一点点黄油增香。

12 烤箱再小，也要用起来

如果没有烘焙的爱好，一个 30 升的家用小烤箱就足以做出很多"大菜"。烤箱其实为烹饪节省了很多麻烦，不仅可以烤肉，豆腐片、馒头片、各种蔬菜也都可以烤制。多摸索几次，就会发现意想不到的美味。

13 在家处理整鱼

在家处理整鱼并不需要高超的技巧，只是可能会把厨房弄脏。无论如何，知道了鱼的处理方式，也算是增强了对食材的了解。

先刮鱼鳞，去掉鱼鳍，将鱼鳃剪掉，然后沿着肚子中线剖开，取出内脏，冲洗干净。

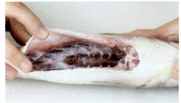

14　让磨刀成为一种习惯

　　如果你去问一个肉贩的刀多少钱，对方可能会笑着说也就十几二十几块钱。之所以用起来那么锋利，是因为他们每天都会坚持磨刀。让磨刀成为一种习惯，你会发现下厨如虎添翼。主厨刀和切菜刀要常磨，而砍骨刀无需常磨，以避免损害其厚度。

15　焯水、煮面，记得加盐

　　烧了一锅开水后，无论是为了焯青菜还是煮面条，都记得放一勺盐。调味作用是其次，主要是能防止面太黏，还能让蔬菜更加清脆。

16　划刀口防止肉类受热收紧

　　肉类、鱼类放入热锅中，极可能导致局部受热过快，因此下锅前要做预处理。比如，在处理好的鸡腿肉上切断肉筋，或是在三文鱼皮上切开口子，避免收缩。

17　用厨房纸为菌菇、蔬菜保鲜

　　买来一次吃不完的蔬菜和菌菇，都可以冷藏保鲜多存放几天。方法是用沾湿了的厨房纸覆盖上再冷藏，这样可以保证蔬菜的湿度，也能让青菜保持翠绿。

18　做煮物时记得放醋

　　日常食用醋（如陈醋、米醋）的作用有很多，煮鸡蛋时在水中放一汤匙醋，可以防止鸡蛋开裂；煮骨汤时加一小勺醋还能去腥，并产生"酯化反应"，可以溶解出钙质，让汤更白、更有营养。

19 热锅热油、热锅冷油和冷锅冷油

热锅热油适合爆炒，让食材快熟，同时可以煎牛排、煎鸡胸，让肉的表面焦化或形成脆皮。

热锅冷油适合爆香，让香味慢慢出来，避免一下子炸糊。适合炒富含蛋白质的食物，如肉片、鸡蛋，避免温度过高粘锅。

冷锅冷油指的是油倒入锅里，再共同加热，适合需要从低温开始慢慢加热的食物，如炸花生米。

20 炒青菜时不要"一锅端"

炒油菜等青菜时，新手总会遇到菜叶已经软烂，但根部还没熟的情况。除了切菜时将根茎切开、拍扁，下锅也得有先后顺序。难熟的部分先下锅，稍软了以后再放菜叶子，这样就能保证出锅时青菜的熟度均匀了。

洗好的蔬菜，推荐放在蔬菜甩干器（如下图）中脱水。

lulututu

微博：lulututu 的实验室

下厨房：lulututu

　　生于南方住在北方，流连于厨房方寸之间，用味道试探味觉世界，动静皆宜的生活料理人。本书"萝卜炖羊肉""勃艮第红酒炖牛肉"和"三文鱼牛油果塔可饼"的料理人。

弥张

微博：-- 弥张 --

下厨房：弥张

　　学习中国古典乐二十余年，自学摄影和烘焙，之后转身成为美食料理达人和美食摄影博主。曾任西餐厅甜品师、咖啡师，擅长欧美 Instgram 风格美食和静物摄影，现为美食杂志特约摄影师及美食专栏作者、英文书法家。本书"意式百香果奶冻""椰子黑莓生蛋糕""法式甜奶酱巧克力慕斯"和"抹茶冰激凌"的料理人。

freeze 静

微博：freeze 静 1102

下厨房：Freeze 静

　　全职料理师，美食撰稿人。下厨房认证厨师，料理讲师，Lofter 认证美食达人，曾多次参与录制央视美食节目《回家吃饭》。坚持自己带便当 5 年，有 8 年自制便当的经验，喜欢健康、可操作性强的创意料理。为本书提供了"常备菜便当"的烹饪与配制食谱。